REENCONTRANDO A GAIA

A HOMBROS DE JAMES LOVELOCK
Y LYNN MARGULIS

50
1969 - 2019
ENTRE LIBROS
EN LA CIUDAD DE MÁLAGA

ediciones del Genal

Primera edición: noviembre 2019

Título: *Reencontrando a Gaia.*
A hombros de James Lovelock y Lynn Margulis
Autor: Carlos de Castro Carranza
Imágenes interiores: Carlos de Castro Carranza
Imagen portada: www.freepik.es
Diseño y maquetación: Carmen Larios
Edita: Promotora Cultural Malagueña
Coordina: Ediciones del Genal
Colabora: Librerías Proteo y Prometeo
Depósito legal: MA 1530-2019
ISBN: 978-84-17974-36-7
Málaga 2019

CARLOS DE CASTRO

REENCONTRANDO A GAIA

A HOMBROS DE JAMES LOVELOCK
Y LYNN MARGULIS

ediciones
del Genal

A las personas de Hipatia y Heyiya,
cuyo apoyo y aliento han reimpulsado
mis esfuerzos en Gaia.

En especial a Quino y Ferran,
que tiraron casi literalmente de mis manos.

A Estrella, que demuestra día a día
que la cooperación y la coordinación amorosas
llevan a que uno más uno sean mucho más que dos.

Índice

Prólogo **13**

Introducción **29**

Capítulo 1. Hipótesis Gaia de Lovelock y Margulis .. **35**
LAS CRÍTICAS A LA HIPÓTESIS GAIA 46
TEORÍA GAIA CIBERNÉTICA 56

Capítulo 2. Gaia y la entropía. **65**
EL TRINOMIO DE PRIGOGINE
Y EL JUEGO DE LAS MUÑECAS RUSAS 82

Capítulo 3. Complejidad y tempo
de la evolución en Gaia **99**

Capítulo 4. Teoría Gaia Orgánica **125**
EL ORIGEN DE GAIA 126
ÁRBOLES, PANDO Y SU PAPEL GAIANO 144
MÁS CARACTERÍSTICAS Y PREDICCIONES
DE LA TEORÍA GAIA ORGÁNICA 156

Epílogo. Organicismo gaiano versus
mecanicismo neodarwinista **173**

RECONCILIACIÓN CON EL PASADO:
GAIA A TRAVÉS DEL TIEMPO 176
PARADIGMAS EN EVOLUCIÓN 188
RESISTENCIAS 192
GAIA COMO ORGANISMO DE PLENO DERECHO 194

Conclusión 197

ANEXOS 199
Anexo I. Planetas de margaritas y mariposas 201
Anexo II. La retención del agua terrestre
por y para Gaia 219
Anexo III. Apoptosis: la muerte programada 227
Anexo IV. Del zoocentrismo a la arborifilia 231
Anexo V. De la Autopoiesis a la Gaia orgánica 235

Bibliografía 253

Prólogo

Una ciencia 'contemporánea del futuro'* y un mito necesario

Al escribir desde Lanzarote este prólogo del libro del profesor Carlos de Castro Carranza de la Universidad de Valladolid, en esta singular isla está transcurriendo el programa conmemorativo de la Fundación César Manrique en el centenario del artista lanzaroteño César Manrique. En este marco se ha celebrado el curso *Ante el Antropoceno* a lo largo del cual se habló de la teoría o cosmovisión de Gaia en varias ocasiones. Se sabe que una teoría no es lo mismo que una cosmovisión, claro; luego iremos a ello.

La prehistoriadora Almudena Hernando, que conoce a Carlos y ha leído el libro Simbiosis de Paco Puche sobre la gran Lynn Margulis, mencionó a Gaia como una visión distinta y necesaria. Hernando sostiene que la identidad básica para los seres humanos es relacional, lográndose así la vida en comunidad, y ello se contrapone a la identidad sólo racional que en su libro denomina *La fantasía de la individualidad*. Libro que permite comprender la minusvalía emocional con que fueron educados los varones hasta muy recientemente, todavía hoy en muchos lugares, y que muestra la invisibilidad de las tareas femeninas a lo largo de la historia. Por el contrario las mujeres siempre han garantizado la reproducción, crianza y cuidados, imprescindibles para la continuidad de la vida humana, pero también para la estabilidad emocional de esos varones incompletos en su identidad exclusivamente racional.

Al mencionar Almudena a Gaia en su intervención en el citado curso, resultó patente que la invisibilidad histórica de las mujeres se puede equiparar con la ceguera actual que nuestra cultura occidental tiene hacia la complejidad de relaciones que sustentan la vida en el planeta Tierra. Análoga invisibilidad e idéntica resistencia hacia la misma complejidad que nos caracteriza, un fluido espejo donde no nos reconocemos, constituidos como estamos por diversos procesos culturales, sociales, económicos y tecnológicos.

Tampoco se reconoce el imprescindible papel que la vida, la trama de la vida, ejerce para asegurar la habitabilidad del tercer planeta del Sistema solar. Damos por sentado que el aire, el agua y los minerales estarán siempre disponibles en calidad y cantidad suficientes. Damos por sentado que los animales no tienen derechos, y que las plantas carecen de sensibilidad. Creemos firmemente que nuestro crecimiento será posible de forma indefinida. Que la tecnología nos salvará, que hay otros planetas a los quizá podríamos emigrar... Pero el problema lo llevamos dentro: un peligroso polizón en cada expedición. Y no es tecnológico, sino cultural.

De hecho, otro valioso ponente del curso sobre el Antropoceno, el mismo 26 de junio, fue Jorge Riechmann, quien ofreció la cosmovisión de Gaia autorreguladora como colofón, como salida emocional y colectiva ante la necesidad de aceptar cierta pobreza material derivada del declive energético ya iniciado y de otros procesos destructivos en curso... Declive que nos empuja e incita a recuperar las buenas costumbres de hospitalidad hacia el viajero, el deseo de compartir los viajes lentos en barco, en tren o en bicicleta, ambicionando la reiterada y extensa conversación posible precisamente por esa lentitud; vivir de otra manera.

Fue la lentitud de los barcos a vela europeos, cuya misión era catalogar la bio- y geo-diversidad, cartografiar mejor los territorios recorridos y realizar múltiples experimentos sobre variables físicas diversas, la que acabaría posibilitando un cambio en el imaginario del medio natural. Las largas travesías permitieron tiempo suficiente de convivencia y deliberación para imaginar las relaciones que surgían entre los especímenes de uno u otro reino, mineral, vegetal o animal; entre uno y otro dato cuantitativo. Así que fue navegando, cabe conjeturar, como se fue disolviendo la fragmentación de la realidad que el análisis científico usual provocaba. Empezaron a emerger propiedades no aparentes en cada especialidad por sí sola. La nueva ciencia de la ecología surgió integrando geografía, botánica, zoología, geología... Y otra nueva mirada fue posible, más centrada en las relaciones que daban coherencia y persistencia a cada sistema.

Alexander von Humboldt representa ejemplarmente esa progresión de conciencia racional hacia la ecología, el cosmos, Gaia. Humboldt seguía el enfoque del método científico y el aprecio por la morfología biológica como proceso en marcha que propugnaba Wolfgang Goethe. Al final de su larga vida, Humboldt dudó si titular su impresionante tratado de síntesis Cosmos o Gaia. Porque ambos vocablos, tomados del idioma griego de hace 25 siglos, asocian perfección y belleza a "naturaleza", lejos del supuesto "caos" a dominar tan propio de la tecnología contemporánea.

Su ascensión al Teide y luego al Chimborazo alimentó la demostración biogeográfica del reparto de la vida vegetal en el planeta, si bien el científico germano logró integrar muchos otros conocimientos con visión ampliada y método cuantitativo. Este año 2019 se celebró el 220 aniversario del viaje de Humboldt a Sudamérica, merced a un amplio permiso concedido singularmente en España a un extranjero por el rey Carlos IV. El pasado 5 de junio se descubrió en La Coruña una placa conmemorativa de la partida de la fragata-correo española Pizarro, gracias a gestiones en Madrid en las que participaron dos hermanos Clavijo y Socas nacidos en Lanzarote. El navío efectuó un primer desembarco fuera del continente europeo en el islote de La Graciosa, Lanzarote, el 17 de junio de 1799.

Darwin recogería ese testigo científico de Humboldt, y con 22 años de edad se embarcó en el navío británico H.M.S. Beagle para tratar de entender la profusa diversidad y perfección que la vida ofrecía a lo largo del planeta. Descubrió así el fenómeno de la selección natural, pese a desconocer la base genética de la herencia de caracteres que sólo sería esclarecida decenios después. Al explicar el origen de la diversidad de especies chocó contra la visión teísta y creacionista de la vida, quizá por eso tardó dos décadas en publicar su tratado, cosa que ocurrió en 1859.

Sigmund Freud señaló en 1917 tres heridas narcisistas de la humanidad: en primer lugar el heliocentrismo de Copérnico y Galileo frente al geocentrismo ptolemaico; después, contra el antropocentrismo, Darwin explicaba el parentesco del ser humano con otras formas vivas de las que nos separa sólo una diferencia de grado; y en tercer lugar la influencia del inconsciente en el comportamiento humano que el propio Freud aportaba, suponía limitar de forma decisiva el alcance de nuestra conciencia y volición. El cuarto paso, ahora necesario, consistiría en reconocer que somos parte de la complejísima trama de relaciones que llamamos biosfera, que permite condiciones habitables para las formas vivas actuales en un proceso en constante evolución. Se trata de superar definitivamente el antropocentrismo que aún caracteriza a nuestras sociedades occidentales. Claro, no es tan sencillo asumir esta cuarta herida narcisista: pasar de ser nuestra especie el centro de la vida en el planeta Tierra a ser una parte del total. Proceso similar al de Copérnico al invertir la realidad ptolemaica: no somos el centro del universo, sino apenas una pequeña mota en él.

Así que primero hubo que redibujar el plano del Sistema solar; después redefinir la genealogía de la especie humana junto a las demás; más tarde reconocer que el comportamiento humano puede, sí, en condiciones bastante especiales, alcanzar cierta racionalidad -la psicología experimental del siglo XX nos ha ilustrado sobre lo difícil que resulta esa meta: mencionemos simplemente los trabajos de Tversky y Kahneman-. Difícil racionalidad que, por añadidura, descansa en un fértil sustrato de mitos y creencias derivados de la propia cultura, en cada cultura: hoy somos más conscientes de que no cabe separar radicalmente mythos y logos. Examinemos con más cuidado las "dialécticas de la Ilustración". Nos toca pues valorar si, acaso, dejándonos llevar por la fuerza y la utilidad del conocimiento científico, no hemos construido un peligroso Mito del Progreso, incurriendo en lo que Jorge Riechmann llama desde hace tiempo tecnolatría, y olvidando nuestra pertenencia a la naturaleza y nuestra ecodependencia. Porque hoy no tenemos en Europa un buen vocablo para designar que somos parte de la naturaleza, mientras que en culturas indígenas actuales el vocablo existe y es funcional: fundamental tanto para su identidad comunitaria, aún hoy, como vínculo con su entorno natural (Lolita Chávez dixit).

Baste un solo ejemplo. Con el desarrollo del proyecto de dominación de los últimos cuatro siglos hemos pasado de la técnica a la tecnología, y de ésta a la tecnociencia. Embelesados por nuestros hallazgos y profundo conocimiento, estamos usando en profusión cada elemento químico cuyas propiedades nos interesan para una u otra funcionalidad, con acusado desprecio por el reciclado ante su futura escasez en la corteza terrestre. Justo lo contrario de lo que la vida aplica para lograr su pervivencia en muy variadas morfologías de seres: "se toman los elementos químicos más abundantes, y se garantiza su máximo reciclaje". En efecto, Carlos de Castro precisamente toma como un elemento clave de la emergencia de Gaia sus elevadísimas tasas de reciclado. (V. 15 octubre 2018 en www.lanzarotebiosfera.org/conciencia en el 150 aniversario de la Tabla periódica de los elementos químicos -Mendeleiev, 1869-, tan admirable logro humano).

Exigimos a individuos de otras especies animales que sean capaces de reconocerse en un espejo para considerarlos inteligentes: pero nuestra propia especie no parece reconocerse en la compleja realidad que construimos por doquier en el planeta, con creciente intensidad y alcance, en todos los ámbitos de la cultura, la historia, la economía, la industria, los modos de vida. Si la complejidad nos caracteriza, nos identifica, constituye nuestra realidad y la del planeta, y no nos reconocemos en ella puesto que creemos que podemos comprender, controlar y predecir dichos sistemas dinámicos complejos, ¿somos suficientemente inteligentes? ¿Qué parte de nuestra realidad responde a simples pensamientos y ecuaciones lineales-mecánica newtoniana, y qué parte a sistemas no lineales, complejidad y dinámicas del caos?

En términos de sistemas dinámicos complejos cobran especial importancia las aportaciones de tres mujeres estadounidenses cuya visión apuntala la apuesta por el cambio de paradigma que Carlos de Castro ofrece en este libro. Sobre las dos primeras, esta misma editorial (Ediciones del Genal) ha editado recientes síntesis: se trata de Lynn Margulis y Elinor Ostrom, fallecidas en 2011 y 2012, respectivamente. Las técnicas actuales de estudio del genoma han demostrado algo fundamental de entre las propuestas de Margulis: la endosimbiosis o simbiogénesis, particularmente en el origen de la célula eucariota por fusión de varias procariotas. Elinor Ostrom, por su parte, recibió el premio Nobel de economía en 2009, al demostrar que la gestión colectiva de bienes comunes era eficiente y resiliente a largo plazo, justo al año siguiente de la caída de Lehman Brothers, aquel estallido del mercado financiero que inició la debacle hoy conocida como Gran Recesión.

Al pensamiento de la tercera mujer, Donella Meadows, cabe acercarse por ejemplo en la traducción de un extracto publicado tras su fallecimiento en 2001: "Bailar con sistemas", que ha aparecido en la revista 15_15_15 este año de 2019. Ella fue co-autora en 1972 del informe del Club de Roma *Los límites del crecimiento*, que puso el foco sobre un problema intrínseco a toda forma viva que crezca sin freno: si los procesos de expansión humana en el siglo XX no se corregían, el siglo XXI supondría un declive generalizado, de acuerdo con una pauta de extralimitación (*overshoot*) seguida de colapso. Hoy hay equipos que mantienen esas series de datos y otras nuevas, buscando mejorar la modelización y ajustar los resultados como en el proyecto MEDEAS en la Unión Europea, coordinado desde España y al que pertenece el propio Carlos de Castro. (V. 16 octubre 2018 en www.lanzarotebiosfera.org/conciencia).

Cuando le llegó la muerte tempranamente, Donella Meadows escribía para avisarnos que la metodología para abordar los procesos dinámicos complejos que caracterizan a la vida y a la especie humana podría hacernos incurrir en un grave error si pensamos que podemos comprender totalmente, y así controlar o predecir el desarrollo de dichos procesos, dado que son inherentemente irreversibles e impredecibles... Una mirada experta y clara sobre la complejidad que nos caracteriza, y sobre los excesos de confianza en la racionalidad y en la tecnología.

Más recientemente, el libro que Oliver Sacks da por terminado apenas dos semanas antes de morir en 2017, *El río de la conciencia*, incide en la misma idea a partir de la complejidad de la mente humana, y recopila unos cuantos ejemplos de avances científicos no reconocidos hasta mucho después de ser formulados. A tal dilación en ser asumidos dichos planteamientos revolucionarios suma un juego más perverso en la ciencia: señala que en los años 1960 a E.O. Wilson se le ninguneaba, y a la ecología como ciencia, también. Se despreciaban, precisamente, los enfoques que intentaban escudriñar el funcionamiento de la complejidad de la vida: sistemas sociales, ecosistemas, ¿el umbral que el presente histórico nos fuerza a traspasar?

Sacks menciona a William James, quien insistía siempre: 'la conciencia no es un "cosa", es un proceso'.

Este libro de Carlos de Castro trata de explicar la evolución de la vida en nuestro planeta focalizando la atención sobre la complejidad de las relaciones de interdependencia que alcanzan a regular las condiciones de la atmósfera, el clima, los océanos y los suelos; perfilando grandes ciclos planetarios merced a procesos que desdibujan la distinción entre recursos y residuos; demostrando las tendencias a la cooperación, que incluirían aumentos de complejidad, o autorreparación como soluciones a graves crisis ambientales geológicamente demostrables; analizando el riguroso cumplimiento de las leyes termodinámicas... y más allá.

El autor ofrece mediante análisis, cálculos e hipótesis científicas un panorama global que resitúa al ser humano en dicha trama vital actual. El profesor participa junto a otros autores de la necesidad de reconocer nuestro papel como especie causante del desorden y obligado declive civilizatorio, ofreciendo él a cambio una descripción muy diferente de cómo opera la vida y cómo debería aprender a sobrevivir la civilización actual (o, más probablemente, otras que pudieran sucederla). Y ofrece algo más: someter a discusión filosófica y científica las implicaciones culturales, sociales y éticas que se deben derivar, en su opinión, de dicho cambio de paradigma. Porque Carlos entiende como un prejuicio no apreciar propósito o finalidad en el sistema que la vida ha establecido en este planeta, y con ello reabre una viejísima y difícil discusión sobre la cuestión de la presencia de cierta teleología o al menos teleonomía en la naturaleza. Pone Carlos empeño en establecer qué características comparte Gaia con otros organismos vivos actuales, de distintos niveles de complejidad. Carlos no es el único autor que publica sobre la teoría Gaia, pero sí es uno de los pocos a quienes no satisface una versión sólo cibernética y homeostática, procesos autorreguladores de la biosfera, y se atreve a proponer y compartir el desarrollo de una Teoría de Gaia Orgánica. Cree que no nos reconocemos en el espejo tal y como somos.

El texto está repleto de metáforas sugerentes, no siendo menor la de que la naturaleza aborrece los gradientes energéticos y tiene tendencia a compartir la energía (cosa que repite Schneider y Sagan en su "Termodinámica de la vida") sino que va más allá señalando una tendencia a la igualdad y la cooperación (a diferencia de la competencia) en los distintos niveles de Gaia. Unir la segunda ley de la termodinámica con una propuesta madura de cuarta ley, para concluir que "el universo se ama, y se ama apasionadamente" no resulta de ningún esoterismo acientífico, como se demuestra en el texto. En realidad es propio de un físico de la Universidad de Valladolid, profesor también de historia y filosofía de la ciencia que es además doctor ingeniero y biólogo avant la lettre (a saber, previo a su titulación), entre otras distintas inquietudes por el conocimiento y su evolución que atesora este genuino representante de la denominada "tercera cultura".

A su preferencia por la perspectiva organicista de Gaia frente a una interpretación meramente mecanicista de la evolución, metáfora donde las haya, Carlos sugiere desde la razón nada menos que una revolución en el enfoque actual de las ciencias biológicas del tipo de las definidas por Thomas Kuhn, adentrándose con valentía por terrenos donde la resistencia conservadora acecha en todo momento. De hecho Carlos centra el debate en las grandes preguntas de siempre: "¿Quiénes somos? ¿De dónde venimos? ¿A dónde vamos?"

Este momento histórico es único e irrepetible; no vivimos en bucle y crece la conciencia social de que estamos ya en una situación de emergencia. Pocos podían imaginar que resurgirían con fuerza corrientes sociales sensibles a la naturaleza, o incorporarían esa sensibilidad ambiental a otras luchas de justicia social o de nuevos derechos humanos. Entretanto, el eco-feminismo va avanzando ahora mucho más, enriquecido por la praxis concreta y el análisis teórico acumulado, aportándonos esperanza y apoyo para pedir ahora, y desde este libro de Carlos, la transformación de las actuales Ciencias de la Tierra en una *Ciencia contemporánea del futuro**.

Carlos busca hacer ciencia y compartir dicho desarrollo científico con quien quiera abordar la reflexión sobre la geo-fisiología planetaria; o con quien desee enfrentar la evidencia de los límites biosféricos y su posible conversión en saltos de complejidad hacia nuevos sistemas vivos dotados de estabilidad por las propias leyes de la termodinámica, y también con quien quiera explorar las implicaciones éticas y civilizatorias que se desprenderían de la asunción cabal del nuevo paradigma que propone, implicaciones cuyo alcance apenas comenzamos a atisbar.

Podría habernos llegado ya el momento de dar ese salto. Hoy nos preguntamos si la condición actual de la humanidad es semejante a la de un prolongado naufragio, cierto ya para muchas personas y para la biodiversidad, inevitable para el conjunto en este siglo, el que Riechmann ha denominado "el Siglo de la Gran Prueba". Conviene entonces reunir toda la información posible y decidir si el objetivo debe ser "nos salvaremos todos" -como en el caso del buque rompehielos Endurance, Shakleton en 1914, doble liderazgo y ayuda mutua que no pudo incluir a los perros-, o un "sálvese quien pueda": implícito e impuesto así en la pérdida del Batavia en 1629, buque insignia de la Compañía Holandesa de las Indias Orientales comandado por un psicópata que protagonizó el naufragio más cruel de la Historia, pero también ejemplo de otro liderazgo doble, que alienta y salva *in extremis*.

Si el consenso científico ya es abrumador sobre la crisis climática, y no se toman las medidas correctoras, ¿podemos seguir pensando que somos personas libres, inteligentes y racionales, capaces de comprender y de actuar en consecuencia por consenso o mayoría simple? ¿Pueden resistir nuestros sistemas políticos, que llamamos democracias, la presión corporativa si 69 de las cien economías principales del planeta no son Estados, sino megaempresas privadas?

Lanzarote, que acaba de declarar el estado de emergencia climática, representa un caso paradigmático de cultura insular, impregnada de su realidad natural, identificada con sus límites, que ha mantenido una lucha constante por defenderlos y que se ha topado con instituciones incompetentes para hacer respetar el Plan Insular de Ordenación Territorial de 1991 o para frenar la creciente desigualdad socio-económica generada por el propio éxito turístico.

César Manrique regresaba en 1968 desde Nueva York a vivir en su isla, a punto de cumplir cincuenta años de edad, para empezar una nueva etapa acompañando al Presidente del Cabildo José Ramírez -quien también nació en 1919-. Se trataba de hacer apreciar lo singular de su isla natal, dignificar a su gente, modernizar la sociedad con un mayor acceso a la cultura y usando el arte para transformar los valores sociales, y acceder al bienestar. Consiguió impulsar una revolución cultural que reforzaba una identidad insular apoyada en sus mismos límites y singularidades, cuidó de los operarios, criticó a los especuladores y defendió la cultura popular. Que un artista con su trayectoria internacional contribuyese a hacer arraigar esos valores hoy considerados ambientales y sociales podemos entenderlo en términos de un sustrato cultural que existe y, acaso, está disponible siempre en la humanidad si se tiene la sensibilidad y la experiencia vital apropiadas.

Por ello, la figura de César Manrique es un buen ejemplo de mito necesario, a una escala local que de todas formas tiende a desbordarse; y el elocuente testimonio de su trayectoria nos sigue facilitando referencias y reflexiones, no siendo menor aquélla sobre el papel del arte en el devenir de la humanidad, desde siempre, como también el de la filosofía. Arte y filosofía nos ayudan a construir una visión reflexiva y más extendida de la realidad, mirando hacia un futuro mejorable.

Evoquemos para terminar a Greta Thunberg y su discurso en la COP 24 en Katowice. ¿Quién podía imaginar que una jovencita sueca diagnosticada con síndrome de Asperger, y quizá precisamente gracias a ello, se iba a convertir en portavoz de la conciencia mundial ante una humanidad que no se atrevía a mirar la realidad de los datos climáticos? Ello nos incita a preguntarnos: ¿qué papel le toca hoy a cada cual, sea como sea, allá donde esté? ¿qué papel al esfuerzo colectivo?

¿En qué espejo deben mirarse las reservas de la biosfera en esta situación de emergencia? ¿O no nos reconocemos en la reflexión? Como afirma Jorge Riechmann: tonterías las justas; estupideces autodestructivas, ni una. Y como sugiere la obra de Carlos de Castro, la reconsideración de ciertos paradigmas, por ejemplo nada menos que el biológico que él propone, podría ser una tarea necesaria y, desde luego, urgente.

Quino Miguélez López, Ana Carrasco Martín y Ferran Puig Vilar (en el centenario de César Manrique*[1] y José Ramírez).

http://www.lanzarotebiosfera.org/conciencia

1. http://fcmanrique.org/centenario/?lang=es César Manrique se autodefinió en 1970: "Yo soy un contemporáneo del futuro". Aplicamos en este prólogo esa voluntad de anticipación suya en la propuesta de una Ciencia reformulada)

PRÓLOGO

Introducción

Ya ha transcurrido más de una década desde que escribí *El origen de Gaia* (Castro 2008).

Reencontrando a Gaia debe entenderse como un resumen amplio, avanzado y actualizado de aquél. Expondré la teoría Gaia Orgánica como una teoría científica (y lo justificaré: Castro 2013) que parte de la hipótesis Gaia inicial de James Lovelock y además de la simbiogénesis de Margulis y trata de llevarlas a sus máximas consecuencias, apoyándose también en la termodinámica de los sistemas alejados del equilibrio y la dinámica de sistemas.

Es posible atribuir a James Hutton (1726-1797) la idea de "fisiología" de la Tierra[2] a finales del siglo XVIII. Desde entonces, hasta llegar a Vladímir Vernadsky (1863-1945), han sido muchos los filósofos y científicos brillantes que se han resistido a una visión "newtoniana" aplicada a la vida, así pues, mecanicista y carente de propósito alguno. Tampoco científicos de la genialidad de James Lovelock (1919-) o Lynn Margulis (1938-2011) pudieron completar esa ruptura, pese al tiempo transcurrido desde la formulación de la primera hipótesis Gaia de ambos y de la simbiogénesis de

2. En realidad, Hutton no emplea estos términos en el sentido actual, salvo quizás en el metafórico, ni se refiere a la Tierra como un superorganismo como lo entenderíamos ahora, pero se le ha interpretado así (García Cruz, 2007).

Margulis, y también pese al aumento casi continuo de la insatisfacción con el neodarwinismo o *Síntesis Moderna*.

Expongo aquí una teoría que trata de llevar a sus máximas consecuencias las ideas revolucionarias de Margulis y Lovelock y, aunque no sigue los parámetros de la teoría neodarwinista, creo que puede servir a la discusión académica y podría resultar de utilidad práctica en la medida de que simplifica algunas explicaciones y genera predicciones nuevas. O si se quiere, sin negar las explicaciones clásicas de la biología, aquí se aporta una visión basada en paradigmas distintos. Estos nuevos paradigmas se aplicarían a ámbitos globales por encima de los habituales en biología, a saber, el organismo clásico, de parecida forma a cómo la física cuántica y la relatividad se aplican a ámbitos específicos diferentes a los de la física newtoniana, que no por ello pierde su vigencia y capacidad explicativa en su propio marco.

El cambio climático, la sexta gran extinción de especies, el deterioro de ecosistemas soporte, la contaminación a escala global (hoy tan singularmente visibilizada por el problema de los plásticos) y un largo etcétera, junto a las desigualdades humanas, especialmente la de género y la económica, apuntan cada vez más a la necesidad de una evolución de paradigmas y de cosmovisión que incluya también a la propia ciencia y sus teorías. La pertinencia de esos cambios procede ya de múltiples áreas de conocimiento y actividad colaterales a la biología, y ello hasta el punto de que una diversidad de científicos está ya elaborando nuevas teorías que hacen explícita no solo su propia visión "objetiva", sino también la motivación que deriva de la necesidad de enfrentar los problemas globales de esta civilización bajo una nueva luz.

Desde Gaia y la simbiogénesis, tenemos a la propia Margulis[3], seguida por su hijo, Dorion Sagan, en casi cualquiera de sus libros divulgativos. Más recientemente, el profesor británico de ciencias del sistema Tierra Timothy Lenton y el filósofo y sociólogo francés Bruno Latour pretenden volver a hablar de Gaia desde esa misma preocupación por la sostenibilidad de nuestra civilización (Lenton y Latour 2018).

Este corto ensayo pretende abrir un debate que puede adquirir ventaja en el contexto de las lenguas iberoamericanas. La propia Lynn Margulis escribirá en el prólogo del libro de Stephan Harding *Animate Earth* que la mitificación de Darwin, la fe del neodarwinismo académico en una construcción colectiva principalmente anglosajona o en lengua inglesa, y quizás el contexto histórico de ese mundo norteamericano-inglés, dificultan en gran manera el cambio de paradigma que ella, Harding y otros pretenden.[4]

Harding señalará luego que ellos tal vez hayan podido superar el paradigma clásico porque ambos han recibido una influencia importante por parte de la lengua y la cultura iberoamericanas: son conocidos los vínculos emocionales y la simpatía por España y el español de Lynn, y Stephan señala en su libro que su estancia en Costa Rica durante su tesis doctoral le transformó profundamente[5].

3. En el mismo sentido y dirigiéndose principalmente a la vida y obra de Lynn Margulis, véase Puche (2019).

4. Los ataques de Margulis al neodarwinismo son en muchas ocasiones muy encendidos (ver por ejemplo, Margulis 1990).

5. Con Stephan me comuniqué en español en privado durante una corta estancia que hice en el Schumacher College, precisamente para hablar de Gaia.

La estructura del texto es la siguiente. Se expone en primer lugar la hipótesis y teoría Gaia de Lovelock, las aportaciones de Margulis y el examen y resolución de las principales objeciones que Gaia recibió; se muestran los devaneos con la idea de una Gaia Orgánica que estos dos genios decidieron no defender directamente en sus comunicaciones formales, limitándose a una consideración de Gaia meramente cibernética.

En el segundo capítulo se presentan de forma comprensible las consideraciones termodinámicas más recientes mostrando que, lejos de la percepción más habitual, la segunda ley de la termodinámica no sólo no lleva a la muerte térmica de Gaia sino que, muy al contrario, justifica la evolución de la vida y el aumento de su complejidad por la vía de la tendencia de la naturaleza a compartir energía lo más rápidamente que le es posible. Aumento de complejidad que se dirime en el tercer capítulo examinando las regularidades de la evolución de la vida y de la aparición de superorganismos a lo largo de la historia de la Tierra.

En base a estas premisas, el cuarto capítulo está dedicado a la descripción de la Teoría Gaia Orgánica, recorriendo el surgimiento y la evolución de Gaia por simbiosis y aumento de las tasas de reciclado mediante la coordinación y no mediante la competencia, presentando a Gaia como un organismo autótrofo. En este punto se exponen algunas de las predicciones de la Teoría Gaia Orgánica y se las contrasta con las previsiones del neodarwinismo en igual situación.

En el Epílogo se han concentrado y expandido las consideraciones relativas a la historia y la filosofía de la ciencia y de la mitología que se apuntan ocasionalmente a lo largo del texto, mostrando la diversidad de cambios de paradigma y el posible papel de la Teoría Gaia Orgánica en este marco. Este Epílogo se puede ampliar en el contexto de Gaia en Castro (2008) y en el contexto de la sostenibilidad de nuestra civilización en Castro y Capellán (2019). Aquí también tratamos de concretar y resumir en lenguaje llano la conclusión principal que se deduce de todo lo expuesto, a saber, que la Biosfera, Gaia, es un organismo de pleno derecho.

El debate que esta obra propone podría abrirse tanto en la academia universitaria como entre biólogos, ecólogos, geólogos y demás especialistas de los espacios naturales protegidos, así como a quienes sustentan sus cosmovisiones sobre los postulados de estas disciplinas, sociólogos y filósofos, entre otros. A todos ellos va dirigido especialmente este ensayo[6].

Es más que una intuición que si no emergen teorías y cosmovisiones científicas como la que aquí someto a discusión no se podrán dar las condiciones mínimas para la sostenibilidad humana a medio plazo. Dejo al lector este espacio de reflexión con la convicción de que la exposición puramente científica de la teoría orgánica de Gaia le llevará a conectarla con su preocupación por la Humanidad y la Naturaleza.

6. Prácticamente cualquier libro de Jordi Pigem (1993, 2016) o Jorge Riechmann (2000, 2016) apunta a esa misma necesidad y en el mismo contexto.

Capítulo 1.
Hipótesis Gaia de Lovelock y Margulis

A mediados de los 60, James Lovelock trabajaba para la NASA en el problema de llevar a Marte un aparato para detectar vida en este planeta. Dándole vueltas a la idea, se dio cuenta de que Marte no podía tener abundancia de vida, pues si fuera así, su mera presencia modificaría las propiedades del entorno radicalmente; por ejemplo, la atmósfera sería diferente a la que poseía Marte o cualquier otro planeta salvo la Tierra[7]. La Tierra tiene concentraciones de gases muy alejadas del equilibrio químico, como en el caso del oxígeno, que es muy reactivo y debería desaparecer si no fuera precisamente por la presencia de vida. Como la atmósfera de Marte era prácticamente inerte —es decir, en equilibrio químico—, la conclusión de Lovelock fue que en Marte no podía existir vida, salvo quizás en trazas[8].

7. En 1965, Lovelock publicó un artículo en la revista *Nature* sobre la detección de vida extraterrestre (Lovelock 1965). En el artículo ya señalaba que la presencia de vida generaría una influencia sobre la atmósfera y la química del suelo y en la discusión dijo que "una observación del movimiento del salmón nadando río arriba sugiere un grado de propósito inconsistente con un proceso inorgánico aleatorio", lo que, quizás con cierta inocencia, le condujo al problema de la teleología, que, como veremos, resultó esencial en la teoría Gaia y en la "distinción" de lo que es vida orgánica.

8. Lovelock inventó el detector de captura de electrones a finales de los 50, capaz de detectar trazas pequeñas de algunos compuestos químicos, especialmente orgánicos, lo que le llevaría seguramente a ser contratado por la NASA. Gracias a este dispositivo, el mismo Lovelock detectó CFC

En su famoso libro *Gaia: una nueva mirada sobre la vida en la Tierra* (1979), mientras asumía que la atmósfera terrestre era una extensión de la biosfera, Lovelock terminaba formulando la hipótesis de que el conjunto de los seres vivos podía ser visto como una entidad viviente única, capaz de manipular la atmósfera en su beneficio. Pensó en llamar a su hipótesis "BUST" (de "Biocybernetic Universal System Tendency/Homeostasis") y agradeció a su vecino y amigo, el literato William Golding (que ganaría el premio Nobel de literatura en 1983 y era famoso ya por su *El señor de las moscas*), que le sugiriera con pasión el nombre de Gaia.

Al personificar con el nombre de una diosa griega lo que era una hipótesis científica, generó un conjunto de conexiones con el pasado de las que Golding quizás sí fuera consciente, pero Lovelock no. Ambos intuían que ese nombre resonaría y que contribuiría a que la idea fuera reconocida fuera de la academia científica, pero a la vez generaría el disgusto de muchos científicos[9].

sobre el Atlántico, lo que abrió la puerta al descubrimiento del agujero de la capa de ozono (Lovelock, 1973). Durante la década de los 40 publicó, también en *Nature*, acerca de bactericidas con aerosoles, y en los 50 sobre "crionización". En cambio, no pudo utilizar la palabra Gaia en el título de un artículo en la revista *Nature* hasta 1990, aunque el impacto científico de Gaia fuera mayor que el de esos otros artículos...

9. El *new age* de la época intentó apropiarse de la idea de Gaia y de las resonancias que provocó, algo que disgustó aún más al mundo académico y a los propios Lovelock y Margulis hasta el punto de casi arrepentirse del nombre. Para dejar clara su repulsa en ámbitos divulgativos o académicos ambos negaron una y otra vez que su Gaia implicara un organismo, y menos aún algo espiritual. Pero al tiempo ellos mismos "resonaron" con la "metáfora", hasta el punto de que Lovelock mostró una continua ambivalencia en el asunto fuera del plano más científico (escribió un libro poco

Esa contingencia, tan del gusto de Stephen Gould, en la que dos genios del momento, uno de la ingeniería-química y otro de la literatura, se unieron para dar el nombre de Gaia a una continuidad histórica fue lo que permitió a Lovelock entender que sus ideas científicas podían estar expresando una tradición de "sentido común" milenaria.

Empezó a discutir sus ideas con todo el mundo y fue invitado a conferencias científicas para que hablara de su "metáfora sugerente", pero las publicaciones científicas en las que se citara la hipótesis Gaia se le resistieron. La ciencia institucionalizada suele presentar resistencias a la aparición de nuevos paradigmas alejados del vigente.

Lovelock escribió en 1979: "La di a conocer oficialmente en unas jornadas científicas sobre los orígenes de la vida en la Tierra celebradas en Princeton, New Jersey, en 1969. Quizá la causa fuera una pobre presentación por mi parte, pero lo cierto es que los únicos interesados por ella fueron el malogrado químico sueco Lars Gunnar Sillén[10] y

conocido pero muy significativo: *La fisiología de la Tierra* [2000], en el que la comparaba con un organismo).

Ambos escribieron prólogos de libros en los que los componentes emocionales y espirituales de Gaia eran parte esencial: véanse el prólogo de Margulis al libro de Harding *Animate Earth* o el prólogo de Lovelock al libro de la teóloga Anne Primavesi *Sacred Gaia* (Primavesi, 2000). A la vez, cuando algunas de sus ideas fueron recogidas también por movimientos sociales ecologistas, Lovelock inició una larga y, en muchas ocasiones, agria carrera de oposición al ecologismo, seguramente por ser aceptadas sus ideas de Gaia por estos movimientos y no por la comunidad científica.

10. En 1966, Gunnar Sillén (1916-1970) publicó en la revista sueca *Tellus* un artículo sobre la regulación del oxígeno, el nitrógeno y el dióxido de carbono en la atmósfera, en la que los procesos de los organismos en los

Lynn Margulis, de la Universidad de Boston, a cuyo cargo corría la tarea de editar nuestras diversas contribuciones" (Lovelock 1979).

En 1972 consiguió publicar una pequeña carta (de una página) en una revista científica (Lovelock, 1972) en la que mencionaba y exponía sucintamente la hipótesis. La observación que Lovelock utilizaba era principalmente termodinámica y se basaba en que nuestra atmósfera está tan alejada del equilibrio químico y físico que la probabilidad de que ese estado se dé de forma aleatoria es tan baja que no resulta creíble sin apelar a fuerzas e interacciones tales que:

"... la presencia de un **sistema cibernético biológico homeostático** en el planeta sea capaz de generar un estado óptimo físico y químico apropiado para la actual biosfera".

El "sistema cibernético biológico homeostático" sería Gaia; ese sistema cibernético emergería (el todo es más que la suma de sus partes, señaló) de la interacción de la biosfera con su ambiente abiótico, y el control del sistema estaría a cargo del conjunto de los seres vivos.

Pero en el texto, a Gaia la denominaba criatura y entidad viva y la comparaba con los otros seres vivos que manejaban los biólogos por sus propiedades fenomenológicas similares (es decir, los organismos, aunque no apareciera la palabra como tal).

Tras muchos esfuerzos y el rechazo de la revista Science, entre otras, Margulis y Lovelock consiguieron publicar la hipótesis Gaia de manera más formal y extensa en dos artículos

océanos y sedimentos juegan un papel importante. Sillén murió en 1970, con lo que Lovelock se quedó sin un posible defensor de la hipótesis.

en sendas revistas científicas. Un artículo apareció en Ícarus, la revista editada por el exmarido de Margulis, Carl Sagan (Margulis y Lovelock, 1974): "Modulación biológica de la atmósfera de la Tierra"; y el otro en la revista sueca Tellus, que había publicado los trabajos de Sillén, al que citaban (Lovelock y Margulis, 1974).

Que intervenga la biología para "modular" la atmósfera de la Tierra ya es difícil de admitir, pero el título del segundo artículo es demasiado controvertido: "Homeostasis atmosférica por y para la biosfera". Desde la biología, desde el neodarwinismo, la mención de caracteres teleológicos, de entidades con propósitos (el "por y para" así lo refleja), es cuestionada incluso cuando se aplica a los seres vivos al margen de los humanos autoconscientes.

En este artículo comienzan diciendo que la vida se originó hace más de 3,2 Ga (Ga: miles de millones de años); luego escriben 3,5 Ga, y hoy se apunta hacia los 4 Ga (la Tierra se termina de formar hace 4,54 Ga y las condiciones para albergar vida se dan entre los 4,5 Ga y los 3,8 Ga[11]).

11. Se llama a este periodo Hadeano (de Hades, el dios de los infiernos) porque en esa época la Tierra era todo menos hospitalaria: bombardeos intensos de meteoritos y cometas capaces de hervir el agua de los océanos y de pasar a un estado semimagmático la corteza superficial, radiactividad varias veces superior a la actual, fenómenos volcánicos y magmáticos mucho más intensos y continuos que ahora y mayor dosis de rayos cósmicos y de alta energía del joven Sol (a pesar de que este era menos brillante que ahora). También se daban otras fluctuaciones del entorno, menos consideradas pero más intensas que ahora: ciclo día-noche más corto (el día duraba 10 horas), fuerzas de marea mucho más intensas (la Luna estaba más cerca de la Tierra), etc.

De ahí que muchos científicos supongan que no fue hasta los 3,8 Ga cuando las condiciones se calmaron lo suficiente como para que se asentara la vida. Si aparece antes de los 3,8 Ga, es en forma de bacterias tremendamente robustas comparadas con la mayor parte de las formas actuales de vida.

Recuadro 1. Convocando a la diosa Fortuna

Aquí confluyen las dos visiones extremas que tanta tinta han hecho correr desde las teorías de la evolución biológica. Por un lado, aquellos que ven esa fortuna como un signo de un superagente, normalmente un dios arquitecto e ingeniero (diseño inteligente) o de un dios creador (creacionismo); y por otro, los científicos más mecanicistas, que tienden a ver esa fortuna como tal, apelando a principios antrópicos más o menos fuertes. La excusa de estos últimos, para así atacar la hipótesis Gaia, es que no se puede hacer ciencia de un objeto o sistema único. Solo si conociéramos otras Gaias podríamos hacer observaciones e, idealmente, experimentos para comprobar las diversas hipótesis y teorías que se lanzaran. Aparentemente es más parsimonioso, pues, no hacer nada con estas cuestiones.

Una vez más, si se considera el estado de desequilibrio termodinámico de la Tierra igualmente probable en cualquier otro planeta, o en términos termodinámicos, si se considera la probabilidad de un microestado, siendo un microestado el estado presente de cada atmósfera de los miles de millones de planetas del universo, entonces la probabilidad de encontrar otro planeta como la Tierra en el universo sería esencialmente nula (de hecho, necesitaríamos miles de millones de universos como el nuestro para encontrar otra Tierra si tomamos los datos que aportan Lovelock y Margulis en su artículo). En realidad, la hipótesis de la Gaia afortunada es acientífica, y es importante señalarlo así, aunque sea defendida por los científicos que mencionan el caso único.

La forma de entender esto viene de dos frentes: por un lado, los cosmólogos tratan científicamente un caso único, por ejemplo, cuando hablan del Big Bang (no podemos hacer ni experimentos ni observaciones comparadas con otros Big Bang), y no por ello decimos que las teorías de la astrofísica no son científicas; por otro lado, multitud de observaciones son de caso único o pueden ser vistas como tales. Por ejemplo, llevamos observando la Mancha Roja de Júpiter durante varios siglos; si consideráramos los trillones de moléculas implicados y su movimiento como algo aleatorio, la configuración por azar de esa forma durante tanto tiempo arrojaría una probabilidad estadística esencialmente nula. A nadie se le ha ocurrido decir que la Mancha Roja de Júpiter es prueba de un Diseñador Inteligente o lanzar algún principio "jupiterotrópico" convocando a la (diosa) Fortuna con la excusa de que, como no hay otra igual, no podemos hacer hipótesis y elaborar teorías comprobables ni hacer experimentos hasta que no vayamos allí con sondas o veamos otras manchas similares.

Guste o no, la hipótesis Gaia de Lovelock y Margulis tiene el mérito de ser la primera hipótesis coherente desde la ciencia que trata de buscar razones biofísicas para las observaciones realizadas. Es más, los argumentos en realidad siguen la estela de un proyecto abierto desde la termodinámica por Schrödinger en su aclamado *¿Qué es la vida?*

Señalan que en la Tierra la temperatura permite siempre la existencia de agua líquida, con un pH (acidez) no lejos de la neutralidad (lo que es favorable para la vida), a pesar de que la radiación solar ha aumentado al menos un 30 %[12] desde la formación de la Tierra y de que el hidrógeno se va escapando, lo que provoca cambios en el entorno químico que a su vez cambian el balance radiativo de la atmósfera. Señalan también que la presencia actual de oxígeno y metano está fuera del equilibrio químico en más de 30 órdenes de magnitud, más cerca de la composición propia de un combustible que del producto de una combustión como en Marte y Venus. Además, el nitrógeno debería estar disuelto en los océanos como NO_3- y no como N_2. Puede

12. Hoy hablamos de un 20-30 % (Marchi, 2016; Lammer, 2008). El hecho de que exista presencia de vida durante todo ese tiempo bajo un Sol cuya radiación ha cambiado mucho es lo que se conoce como la paradoja del Sol "joven y débil", ya que, con la composición atmosférica actual, un Sol un 30 % más débil generaría seguramente una temperatura promedio 25 ºC menor, con lo que, una vez enfriada la Tierra tras su formación, en poco tiempo se habría congelado su superficie, no siendo apta para la vida (además, al congelarse, el albedo habría subido —el hielo es blanco y la luz solar rebota más que con una superficie más oscura—, con lo que aún habría bajado más la temperatura).

La idea fue establecida por Carl Sagan y G. Mullen (Sagan, 1972), y ellos mismos supusieron que se podría resolver si, al comienzo de su historia, en la superficie terrestre había más gases de efecto invernadero. De alguna forma, Lovelock pensó que la solución a la paradoja también pasaba por el "control" de la vida sobre la temperatura planetaria desde hacía ya miles de millones de años. La cuestión sigue abierta aún hoy, y a la biota se le sigue dando un papel secundario en la evolución de la atmósfera y su temperatura en la historia de la Tierra frente a los factores físicos que se emplean entre astrofísicos y paleoclimatólogos. La física es muy compleja ya de por sí sin introducir la biología, y quizás esta complejidad también haya detraído a biólogos y ecólogos y no solo a físicos. Volveremos a ello.

haber pasado por suerte (*by chance*) que los cambios siempre hayan dado como resultado unas condiciones adecuadas para la vida (no lo dicen, pero es lo que se vendrá en llamar la hipótesis Gaia afortunada), pero su hipótesis es que la vida adquirió el control del entorno y su homeostasis.

Lovelock y Margulis incluso dan una explicación a las dificultades para ver a Gaia como una entidad propositiva: quizás el problema reside en sus dimensiones espacial y temporal, ya que no tenemos problema para ver un nido de abejas como una entidad con propósitos, pero sin embargo un bosque tropical no llegó a verse como una entidad (con propósito, se supone) hasta que fueron descubiertas las interdependencias y el ciclado.

[Excurso: ¿El problema es solo de los científicos occidentales? Ya hemos visto que la mayor parte de la historia humana está ligada a la idea de la Tierra como una entidad con propósitos y, de hecho, también lo señalan Lovelock y Margulis en el artículo. En todo caso, hemos perdido la intuición en la ciencia "normal". Es más: los ecosistemas, tales como un bosque tropical, fueron vistos en la primera mitad del siglo XX como organismos (Clements, 1936). Fue posteriormente cuando se les "degradó", a pesar de que las pruebas de la interdependencia y el ciclado —y del desarrollo y la sucesión ecológica— siguieron aumentando (Margalef, Odum, etc.).

Por supuesto, el sentido común y la intuición fallan también, y lo hacen en general cuando los hechos cotidianos no encajan con otro conjunto de hechos (como el nivel microscópico del átomo, caso en el que el sentido común nos falla, o el nivel macroscópico planetario, ya que una Tierra esférica se nos escapa respecto a lo que durante milenios hemos "vivido"). Pero el sentido común y la intuición fallan menos cuando estamos cerca de lo cotidiano, como al intuir la disposición más adecuada para llenar una caja de naranjas —problema matemático llamado conjetura de Kepler cuya resolución ha llevado siglos y ha dado la razón a los fruteros—.

Mi argumento es que es más fiable la intuición de un entorno vivo al que pertenecemos porque es precisamente el entorno en el que nos movemos, y tendremos más dificultades cuando superemos el nivel de ecosistema precisamente porque espacial y temporalmente superan lo cotidiano. Sin embargo, si formamos parte integrada de una Gaia Orgánica, es lógico que la evolución nos lleve a verla también como algo cotidiano: Gaia habría seleccionado con preferencia a las partes integradas en ella, y un aspecto de esa integración sería "sentirse" parte de ella.]

Una vez expuesta la hipótesis Gaia, Lovelock y Margulis ven lícito preguntarse por las funciones de esos elementos que no deberían estar presentes si la Tierra fuera abiótica. Por ejemplo, los vivientes producen continuamente un exceso de amoniaco. Este "residuo" requiere energía para su fabricación, o mejor dicho, tiene una energía potencial utilizable que muchos animales no utilizan pero que sirve de balance frente a la acidez que produciría la oxidación del nitrógeno y del sulfuro. Lovelock y Margulis especulan que si hubieran aparecido consumidores de amoniaco en grandes cantidades desde el principio de los tiempos, la Tierra se habría congelado (además de que los océanos serían muy ácidos, en vez de casi neutros). En mi opinión, el neodarwinismo debería predecir gran cantidad de organismos que aprovecharan ese exceso de amoniaco como fuente de energía, incluso que los organismos que lo producen (o sus derivados) aprovecharan esa energía en vez de "desperdiciarla" como residuo.

Son estos ejemplos los que hacen que Lovelock y Margulis concluyan que la adaptación ciega a los cambios (es decir, el neodarwinismo) no es suficiente para explicar sus observaciones y que hay que completarla con realimentaciones: la supervivencia en condiciones no extremas para la vida supone que pronto se activaría la capacidad de reconocer procesos negativos y de actuar para oponerse a ellos, es decir, que el sistema biosfera-entorno se adaptaría a los cambios y a su vez efectuaría cambios cuando el entorno se alejase de las condiciones de supervivencia "buena" de la mayoría de los seres vivos[13].

13. No es que un mundo de extremófilos sea imposible, pero los extremófilos capaces de sobrevivir en un mundo muy ácido o hirviente serían muchos menos, y su complejidad y gasto energético se "perderían" en habilitar los mecanismos de defensa y adaptación a esos extremos. En ambientes extremos muy ácidos, muy salinos, muy fríos o muy calientes podemos encontrar especies, lo que da cuenta de la capacidad de adaptación de la vida, pero la biomasa, la biodiversidad y la complejidad son menores que en ambientes neutros y templados.

Por ejemplo, *Pyrococcus furiosus* es una bacteria sorprendente porque su reproducción óptima se produce a los 100 °C y porque es capaz de reproducirse "rápidamente" en 37 minutos (de ahí el nombre de furiosus; Fiala, 1986; Robb, 2001). Por el contrario, una bacteria común como la E. coli tarda unos 20 minutos en reproducirse en nuestros "cómodos" intestinos, y el récord lo ostenta una bacteria marina, *Vibrio natriegens* (MaidaI, 2013), capaz de reproducirse a los 37 °C en menos de 10 minutos y con un genoma de más del doble de tamaño que el que tiene que replicar *P. furiosus*.

En definitiva, Gaia sería un producto del conjunto de los organismos que trabajaría para la mayoría de estos, un producto tan complejo que terminaría pareciéndose a un "macroecosistema", como un bosque tropical, o a un "superorganismo", como una colmena de abejas.

LAS CRÍTICAS A LA HIPÓTESIS GAIA

A pesar de lo sugerente de los artículos de Lovelock y Margulis y de que eran dos científicos brillantísimos con presencia en revistas de muy alto impacto, Lovelock tiene que esperar a publicar en una revista de divulgación científica (*New Scientist*, en 1975[14]) a que su Gaia se popularice lo suficiente para que muchos editores le pidan que escriba un libro. Es entonces cuando Lovelock escribirá su éxito de ventas de 1979. Solo a partir de su éxito y popularidad es

Si solo pensamos en termodinámica física, los procesos químicos se aceleran con la temperatura (por eso, a falta de tan buenas enzimas como las de los seres vivos, producimos nuestros fertilizantes agrícolas a altas temperaturas), así que la hipótesis más plausible es que a 37 °C encontraremos más rápida reproducción, abundancia de vida, diversidad, etc. que a 100 °C y que si *Pyrococcus furiosus* es más lenta en reproducirse que *Vibrio natriegens* es precisamente porque tiene que habilitar mecanismos de adaptación a su entorno óptimo que son menos eficaces. Veremos más ejemplos, dada la importancia que tiene esta cuestión para la teoría Gaia.

14. (Lovelock y Epton, 1975). En *The quest of Gaia* sí menciona a las claras que "el sistema parece exhibir el comportamiento de un único organismo, incluso de una criatura viva". Además, se adelanta claramente a la Gaia 2.0 de Lenton y Latour (2018) de cuatro décadas después cuando discute el papel del ser humano en Gaia (podríamos ser, según Lovelock, su Sistema Nervioso Central, y por tanto directores del Todo). Pero a su vez, Lovelock no parece alejarse tanto del concepto de Noosfera de Teilhard de Chardin o de Vladimir Vernadsky. Así pues, casi un siglo después, en mi opinión, se siguen dando las mismas vueltas a una visión demasiado antropocéntrica y cibernética de la Biosfera.

cuando empieza la academia a tomárselo en serio y a replicar a Lovelock.

Las primeras críticas no las recibió ni de físicos termodinámicos ni de ecólogos o geólogos, sino de neodarwinistas, aunque *a priori* la hipótesis tenía más que ver con las ciencias globales de la Tierra que con las teorías evolucionistas[15] (Castro, 2013).

Las críticas se dieron en los años 80. Entre las más conocidas están las siguientes:

Doolittle (1981): "Los organismos inconscientes no pueden planificar y prever conscientemente para regular el planeta, como si negociaran cada año el próximo clima y la composición atmosférica".

Esta crítica es probablemente la más extendida y se ha seguido exponiendo durante décadas, hasta el punto de que los defensores de Gaia caen en la trampa que genera. La respuesta más sencilla para romper la objeción de Doolittle habría sido simplemente decir que "las células inconscientes de Doolittle no pueden planificar y prever conscientemente para regular el cuerpo de Doolittle, como si negociaran cada segundo la próxima temperatura o el pH de su sangre".

Ironías aparte, la crítica está asumiendo la necesidad de la consciencia para regular el planeta, yendo más allá incluso

15. Si bien no deja de poder verse como una teoría de la evolución alternativa o complementaria a la de Darwin. Bunyard (1996) escribió años más tarde: "Mientras que el darwinismo mantiene que la evolución es principalmente la lucha de las formas vivas para adaptarse a un entorno inconstante, Gaia mantiene que las formas vivas han coevolucionado con su entorno de tal forma que las condiciones ambientales se mantienen estables de cara al flujo de energía y materia, en un sistema geofisiológico robusto".

del concepto de organismo que podría insinuar la hipótesis Gaia. Todos los organismos regulan su interior de alguna manera y la inmensa mayoría no son conscientes de ello, y tampoco lo son los autoconscientes, como los humanos, de cómo se hace esa regulación. Además, una cisterna regula su nivel de agua sin acercarse siquiera a las propiedades que tiene un organismo. Aunque la crítica es absurda, se extendió durante décadas hasta la actualidad por parte tanto de detractores como de defensores de Gaia (ver algo más de detalle en Castro, 2013). Esto, que podría sonar paradójico, en realidad esconde algo más profundo, pues Gaia vuelve a abrir el debate sobre el carácter teleológico de los seres vivos.

Dawkins (1982): "La hipótesis es incompatible con la selección natural de Darwin. La regulación planetaria no puede haber evolucionado, ya que la unidad de selección no es la biosfera, sino los organismos. Gaia necesita no solo relaciones cooperativas por parte de sus organismos, sino también luchar y sobrevivir y reproducirse con otras Gaias para evolucionar. Si Gaia es un organismo, solo puede surgir de la selección natural, y para ello se necesitaría una lucha por la existencia contra otros planetas".

La única frase de Dawkins que es discutible es que la hipótesis Gaia sea incompatible o no con la selección natural. Pero si la hipótesis se basa en observaciones y se confirmara y admitiera como válida, la conclusión no sería negar la nueva "realidad", sino negar la teoría de la selección natural por haberse falseado. Por tanto, lo que hay que comprobar es si efectivamente son incompatibles y luego cuál de las teorías se puede falsear.

Si Gaia y la selección natural son incompatibles y ambas son verificables, significará que están haciendo predicciones diferentes ante observaciones comunes, y por tanto habría que buscar cuál pasa la prueba. Si, por el contrario, Gaia es una extensión complementaria de Darwin, por ejemplo, al modo en que las leyes de Maxwell complementan las leyes de Newton, habría fenómenos no del todo explicables por Darwin, pero con explicación coherente en Gaia: de la misma forma que Newton trató de explicar la luz pero fue Maxwell el que dio mejores leyes para describir sus fenómenos. Si, por último, Gaia es incompatible con la selección natural, será porque predice cosas distintas y porque posiblemente se base en un paradigma conceptual nuevo, al modo en que la teoría de la relatividad de Einstein o la mecánica cuántica son incompatibles con la mecánica de Newton.

Doolittle y Dawkins están intuyendo que son incompatibles y que si Gaia pasara la prueba, entonces alguien podría objetar que la selección natural no lo hace. Quizás por eso se explique que sus críticas sean apresuradas y simplonas. El prejuicio de Dawkins en realidad esconde que ha convertido en acientífica la teoría de la selección natural al tomarla como un hecho incontrovertible e infalsable. Este error se repite una y otra vez en algunos de los defensores del neodarwinismo. En todo caso, al igual que Doolittle, está asumiendo la interpretación orgánica de la hipótesis Gaia.

La crítica esconde una gran cantidad de errores de concepto y observacionales en muy pocas líneas. Asume que la regulación planetaria no puede evolucionar, pues la selección se da en los organismos, pero se olvida de que hay mecanismos de regulación en los ecosistemas que, según él, no son unidades de selección y no podrían ocurrir. Los ecólogos deberían haber protestado, porque Dawkins estaba dejando sin sentido ni trabajo toda una disciplina científica. Pero lo peor es que confunde su teoría —interpretada, como es conocido, de una forma extrema— con los fenómenos que describe y trata de explicar. Define "organismo" como aquel ente que sigue los presupuestos de una teoría, lo que es un absurdo lógico. Además, cuando se forma un nuevo organismo a través, por ejemplo, de simbiosis, no existe competencia ni selección natural entre organismos de la misma clase porque no existen "otros", y sin embargo, los ejemplos abundan y son muy importantes en la evolución biológica.

La primera célula bacteriana no tuvo al lado otras bacterias con las que competir, ni la primera célula eucariota, ni el primer liquen, etc. Fijémonos: cuando un alga y un hongo se unieron tan íntimamente que formaron una nueva especie, el liquen, la selección natural podía "comparar" al liquen con otras algas y hongos, pero no con otros líquenes, ya que aún no existían; la competencia y la supervivencia diferencial ocurrirían en ese momento entre dos niveles diferentes de organización. La supervivencia diferencial de la primera célula eucariota se tendría que medir con las células bacterianas que la rodeaban y no con otras células eucariotas, ya que aún no existían, pero la palabra "diferencial" tiene su sentido solo entre individuos "casi" iguales y del mismo nivel. La célula eucariota es un conjunto formado por células procariotas que emerge por primera vez sin necesidad de recurrir a la selección natural del modo que está describiendo Dawkins para la hipótesis Gaia. Es el problema del primer ser de su clase: la primera superestructura formada de estructuras y funciones menores no puede, por definición, emerger de la selección natural de superestructuras del mismo nivel.

Las grandes transiciones evolutivas: primera bacteria, primera eucariota, primer pluricelular, primer hormiguero (Maynard-Smith, 1995), así como el primer ecosistema o Gaia, no son seleccionados respecto a otros individuos como él. Es más: la pluricelularidad se ha inventado repetidamente y de forma independiente, los insectos eusociales también han surgido repetidamente, y los líquenes lo han hecho creando nuevas individualidades cada vez. Y cuando se forman las primeras células con cloroplastos desde otras eucariotas ocurre lo mismo, una y otra vez. Lo más interesante de la evolución biológica ha ocurrido precisamente cuando no se podía aplicar la selección natural del modo que describe Dawkins en su falaz crítica a Gaia.

Stephen Jay Gould. A Gould se le preguntó por Gaia en sus conferencias: "La hipótesis Gaia no dice nada nuevo, no ofrece ningún nuevo mecanismo. Solo cambia la metáfora. ¡Pero una metáfora no es un mecanismo!" (Abram, 1996; Abram, 2014; Sagan y Whiteside, 2004). Más tarde, Gould lo deja por escrito al final de uno de sus brillantes artículos divulgativos, centrado en Kropotkin y la falacia naturalista (Gould, 1988): "Gaia me parece una metáfora, no un mecanismo. Las metáforas pueden ser liberadoras e iluminadoras, pero las nuevas teorías científicas deben hablar acerca de la causalidad. Gaia, para mí, solo parece reformular, en términos diferentes, las conclusiones de hace mucho tiempo conseguidas por los clásicos argumentos reduccionistas de la teoría de los ciclos biogeoquímicos".

El propio Abram contesta a Gould (Abram, 1996; Abram, 2014) que su crítica se basa en un paradigma o prejuicio mecanicista que es tan metafórico como el organicismo que puede implicar la visión de Gaia, por mucho que en la ciencia actual sea el prejuicio favorito de la mayoría[16].

Ciertamente, si se reduce la hipótesis a su interpretación más débil (la de que existen realimentaciones entre la biota y el entorno físico), entonces no se aleja tanto de las teorías clásicas, pero el hecho de que la cibernética o la dinámica de sistemas que trabajan con esas realimentaciones no hayan

16. Reconstruir la historia de la ciencia aporta siempre claves interesantes y a veces divertidas. Escribe Abram en 1996 que, "tras una charla sobre evolución hace varios años en un auditorio en la Universidad Estatal de Nueva York en Stony Brook, alguien preguntó a Gould "con una pequeña voz" si podía comentar la hipótesis Gaia. La respuesta fue que le preguntaban mucho sobre ella últimamente, aunque sus charlas no tuvieran nada que ver. Dijo que no le parecía nada nuevo que no hubiera aprendido en la escuela, pues obviamente la atmósfera interacciona con la vida, que la hipótesis Gaia no decía nada nuevo y que no ofrecía un mecanismo nuevo. Simplemente cambiaba la metáfora. Pero ¡la metáfora no es un mecanismo!"

Más tarde, en 2012, el mismo Abram escribe así sobre la misma anécdota: "Cuando le pregunté tras una larga charla en la Universidad de Stony Brook (Nueva York) [¿¡David Abram era, pues, la pequeña voz o con el tiempo se identificó con aquella persona!?], me contestó airadamente: 'La hipótesis Gaia no dice nada nuevo, no ofrece ningún mecanismo nuevo. Solo cambia la metáfora. ¡Pero una metáfora no es un mecanismo!'. Esto me pareció una bobada, ya que el concepto mismo de 'mecanismo' no es más que una metáfora" (Abram, 2014).

Sagan y Whiteside (2004) mencionan que al comienzo de los 80, en un coloquio organizado por Richard Lewontin en la Universidad de Harvard, a Gould le preguntaron por Gaia, y él la criticó recurriendo a la contingencia y al principio antrópico de tal forma que lo que nos parece un modelado y control y un regalo de Gaia no existe en realidad; es decir, está asumiendo una Gaia afortunada que no diría nada nuevo (y de paso confirma que a Gould, efectivamente, le preguntaban por Gaia).

sido demasiado empleadas por los biólogos por un lado ni por los geólogos por el otro es indicativo de que la exploración de la Gaia "débil" es considerada "ecología convencional" y poco más. Los que hemos trabajado con sistemas dinámicos con cierta complejidad sabemos que en cuanto añadimos unas cuantas realimentaciones positivas y negativas, lo que acontece suele ser muchas veces poco intuitivo, ya que aparecen comportamientos emergentes no previstos, con lo que sí sería algo nuevo. En todo caso, Gould y Abram nos lo dejan claro: si se parte de paradigmas diferentes, el diálogo, como mínimo, se complica[17].

Las tres objeciones anteriores tienen otro error en común que destacan varios autores. Tanto Margulis (1996) como Sagan y Whiteside (2004) dicen que los críticos están suponiendo que un fenómeno no existe porque no tenemos todavía una explicación mecanicista obvia. Lo comparan con la teoría de Wegener de la deriva continental, que fue atacada en los mismos términos y cuyos mecanismos se descubrirían bastantes décadas después de su primera formulación. Lo mismo podría decirse sobre la teoría heliocéntrica, pues desde su formulación por Copérnico (*Revolutionibus*, 1543, escrita en 1531) hasta su "explicación" mecanicista por Newton (los *Principia* de 1687) transcurrieron más de

17. Sahtouris (1996, pág. 336), apoyándose en varios autores, argumenta que cuando se parte de marcos de referencia conceptuales diferentes, estos no son comparables y tienen términos inconmensurables. Se refiere precisamente a los marcos cibernético versus orgánico (concretamente a la autopoiesis de Varela y Maturana, ver Anexo V). Quizás esto explique el aparente diálogo de sordos que ocurrió durante décadas, pues las mismas objeciones a la hipótesis Gaia se repitieron una y otra vez, y las mismas críticas a las objeciones que se dieron desde el principio también.

150 años, pero no hubo que esperar a Newton para defender a Copérnico coherentemente[18].

Lovelock y Margulis navegaron en sus escritos iniciales y durante décadas entre la ambivalencia de una interpretación mecanicista de tipo cibernético y una perspectiva más organicista[19]. De esto se quejarían algunos críticos como Kirchner, quien hablaría de que no existe una hipótesis Gaia

18. En 1561, la Universidad de Salamanca daba a elegir a sus estudiantes entre estudiar el sistema de Copérnico o el sistema Ptolemaico. En 1594, consideraba ya obligatoria la lectura de Copérnico (Wikipedia sobre Copérnico). Por supuesto, los refinamientos de Kepler solo tenían sentido en el paradigma copernicano.

19. Lovelock aporta explicaciones cibernéticas desde el principio, como sus modelos Daisyworld, pero en 1996 sigue insistiendo en que "la tradición que ve a la Tierra como un organismo vivo... es la visión que yo subscribo y creo que tiene una base científica firme" (Lovelock, 1996, págs. 15-16). Contrasta tres visiones: la tradicional y más antigua de Tierra viva; la "liberal" coevolucionaria, en la que los organismos solo se ven débilmente acoplados con su entorno y que no acepta que la vida tenga una influencia constructiva; y la "convencional científica" (que, más que científica, es propia de la política empresarial, dice), que "ve a los vivientes como pasajeros del planeta y que separa en disciplinas el tema: biología por un lado y geología por otro". Dirá también que las observaciones y evidencias han descartado a estas alturas esta tercera visión.

Margulis, en cambio, rechaza en el mismo libro (1996, pág. 54) que la Tierra esté viva o que sea un organismo y señala que esa metáfora aliena a los científicos, pero a la vez critica duramente a los que rechazan la hipótesis Gaia como acientífica por no ser testable (los llama ignorantes o de mente pequeña).

La ambivalencia de Lovelock perdura en sus diferentes escritos toda su vida, y en algunos reconoce que los neodarwinistas tenían razón y, por tanto, parecería que se adscribiría a la corriente "liberal" coevolucionaria cibernética, aunque insistiendo en la importancia de las realimentaciones mutuas entre biota y entorno físico que generarían un entorno habitable (Castro, 2013).

sino varias (Kirchner, 1989 y Sahtouris, 1996 para nuevas críticas a las viejas objeciones de Kirchner). La primera interpretación es aceptada por la comunidad científica, pero se rebaja su importancia todo lo posible en parte para que entre en el neodarwinismo más clásico. La segunda interpretación es aceptada fuera de la comunidad científica por algunos movimientos sociales y espirituales, pero es rechazada por la mayoría de la comunidad científica y, con el tiempo, por Lovelock y Margulis, si bien, aunque Lynn es más contundente que James en el rechazo de Gaia como organismo, sus ideas (ver Anexo V) se acercan de hecho más a la visión orgánica aquí defendida. En mi caso navego entre las dos puesto que, a pesar de que me inclino por la visión organicista, creo haber encontrado un "mecanismo cibernético" que explicaría el origen de Gaia y que podría servir hasta cierto punto también al viejo paradigma para aceptar una visión más "fuerte" de la teoría.

Maynard-Smith (1988): "Existe una dificultad insalvable entre la optimización local de los organismos en su lucha por la existencia y la optimización global de la biosfera por parte de individuos egoístas. Gaia parece implicar un altruismo en los organismos, una cooperación en todos los niveles y escalas hasta llegar al propio planeta. Desde el neodarwinismo, esto parece imposible".

Tiene razón Maynard-Smith: parece imposible llegar a Gaia desde el neodarwinismo. Aun así, tanto Lovelock como otros autores (Volk, Lenton, Watson) tratan de argumentar que la selección natural y Gaia son compatibles, y en el caso de las versiones de Lovelock y Lenton, Gaia sería una extensión del darwinismo con nuevas leyes añadidas.

A diferencia de Dawkins, Maynard-Smith sí permite los saltos de transición evolutiva (es un experto en el tema), siempre que se den a una escala local; la dificultad es que desde los organismos hasta Gaia hay varios órdenes de magnitud de diferencia, tanto espaciales como temporales. Además la cooperación ha sido y es uno de los caballos de batalla más problemáticos de explicar, quizás el más importante, de la selección natural, debate abierto ya desde el propio Darwin y que no ha sido superado desde que "la escuela rusa", liderada por Kropotkin, lo pusiera sobre la mesa en el siglo XIX.

Buena parte de la evolución de la teoría Gaia ha tenido que ver con esta crítica. Regresaremos a ello.

TEORÍA GAIA CIBERNÉTICA

Lovelock responde a las críticas desde varios frentes. Primero desdeña los argumentos de Doolittle y Dawkins y sigue durante un tiempo en su ambivalencia, pero luego reduce su ambición en las publicaciones más académicas para ir poco a poco aceptando la visión más cibernética de su hipótesis. En el segundo congreso científico sobre Gaia de 1988 aparece en escena un autor, Kirchner, que no solo critica la ambivalencia de la hipótesis Gaia sino que asume buena parte de los argumentos iniciales que hemos señalado antes. El debate se recoge y continúa durante un tiempo en la revista *Climate Change*, en la que, tras el cruce de acusaciones, parece que las tesis de Kirchner se imponen, de manera que en el tercer congreso sobre Gaia, celebrado en Valencia (España) en el año 2000, ya no se defiende ninguna posición más allá de la cibernética: la hipótesis Gaia inicial en su versión "viva" parece morir allí.

En todo caso, entre 1980 y 2000, Lovelock pasa de defender su hipótesis inicial a elaborar la teoría Gaia, y en ese proceso nos ofrecerá que:

- Gaia podría funcionar de forma análoga a un modelo matemático sencillo y muy original que elabora con Watson en 1983, que denomina Daisyworld, el mundo de las margaritas, en el que Daisyworld regula la temperatura y no es teleológico.
- La regulación del planeta entero puede emerger de la competición entre margaritas.

Este modelo abre un debate a su vez sobre si pueden tomarse este tipo de modelos como suficientemente análogos a un sistema tan complejo como la Tierra y si es un modelo darwiniano o no. Además, abre una nueva forma de modelizar sistemas biológicos que para Lovelock resuelve algunos problemas matemáticos no resueltos por la modelización clásica de dinámica de poblaciones desde hace muchas décadas (Lovelock, 1996). Hoy existen muchos modelos más complejos que Daisyworld, pero hasta ahora todos ellos tienen el mismo problema que advirtió Maynard-Smith de forma intuitiva en 1988 cuando criticó Gaia (ver anexo I).

- Gaia, como organismo, era solo una metáfora útil.

Una metáfora muy útil, reconocen él y otros autores, porque abre nuevas líneas de investigación y ayuda a crear lo que hoy se denomina Ciencias del Sistema Tierra, pero hemos visto que en 1996 publica que es algo más que coevolución y que la idea de "la Tierra viva" tiene base científica.

En cambio, en 2004, en la introducción del libro que se derivó en parte de la tercera conferencia sobre Gaia, Lovelock escribe que la Tierra como viva en un sentido biológico no ha sido una hipótesis que alguna vez haya reclamado. Pero esto es difícil de creer respecto a lo que deja escrito en el libro que derivó de la segunda conferencia sobre Gaia (Lovelock, 1996) o incluso en sus libros de 2000 y su reedición de 2005 (Lovelock, 2000), en los que argumenta que hay que hacer fisiología y medicina planetarias, lo cual solo se explica si está cayendo de nuevo en las metáforas o afirmando de nuevo una Gaia Orgánica, ya que la medicina y la fisiología se aplican a un organismo vivo. Pareciera que en 1996 estuviera prediciendo que a él le iba a pasar lo mismo que cree que le pasó a Vernadsky: que finalmente cedería ante la corriente ortodoxa de pensamiento que tanto criticó.

Habría que tener en cuenta que a partir de los años 80, frente a las tres décadas anteriores, las aportaciones de Lovelock como científico se limitan a Gaia, y que quizás le abandona la genialidad de sus invenciones e ideas de los años 50, 60 y 70. De ahí quizás sus análisis posteriores, superfluos y desviados, acerca de los movimientos políticos y sociales ecologistas, con sus propuestas tecnófilas sobre geoingeniería o su defensa de la energía nuclear frente a las renovables sin ser un experto en nada de ello. ¿Quizás también el cansancio hace mella en él y por eso retrocede y descarta su defensa inicial de una Gaia viva?[20]

20. La ambivalencia de los autores que rompen paradigmas suele ser borrada por la historia tras su mitificación. Así como nos olvidamos de los desbarres de Newton con la alquimia y la numerología bíblica, o de que

- Gaia no es un ser teleológico (según Lovelock, nunca pretendió decir que lo fuera).

Sin embargo, cayó en la trampa de su discusión, confundiendo, como tantos otros científicos, la teleología con la autoconsciencia.

- Gaia es consistente con el neodarwinismo, es una extensión de él.

En definitiva (aunque algo más oscura que la hipótesis inicial):

Gaia es el sistema homeostático que emerge de la interacción entre la biota y la biosfera, cuyo resultado son estados que permiten la permanencia de la vida.

Esto constituirá su teoría Gaia, y Lovelock dirá además que ha habido muchas predicciones que se han realizado desde su teoría. Las enumera (Lovelock, 2004):

1. La Tierra fue, y todavía es, manejada por su ecosistema bacteriano.

2. La atmósfera del periodo arcaico estaba dominada por el metano.

3. La lixiviación de las rocas es parte de un sistema autorregulado que envuelve la biota, que sirve para regular el CO_2 en la atmósfera y mantiene una temperatura "justa".

4. Los niveles de oxígeno necesitan mantenerse entre el 15 y el 25 %[21].

Darwin era lamarckista, quizás rescatemos en el futuro a los Lovelock y Margulis defensores de una ciencia de Gaia viviente y nos olvidemos de su Gaia mecanicista "muerta".

21. Con más de un 25 %, los bosques se quemarían espontáneamente. Con menos de un 15 %, los organismos de metabolismo respiratorio elevado (casi todos los animales complejos) no habrían evolucionado.

5. Los ciclos naturales del azufre y del yodo tienen lugar vía los productos biológicos sulfuro de dimetilo (DMS) y yoduro de metilo (CH_3I).

6. La emisión del DMS de los océanos está ligada a las algas sobre su superficie, a las nubes y a la regulación del clima.

7. El clima regional sobre los suelos está acoplado al crecimiento de los árboles tanto en regiones tropicales como boreales.

8. La biodiversidad es una parte necesaria de la autorregulación planetaria[22].

9. Los procedimientos matemáticos para modelar esos sistemas se originaron con Daisyworld.

10. La vida en otros planetas puede ser detectada por el análisis de la composición química de sus atmósferas.

Según él, la teoría y sus predicciones generalizarían la teoría neodarwinista, haciéndola parte de la teoría Gaia o su sinónimo, la ciencia del Sistema Tierra. La dificultad estriba en romper las barreras que imponen las fronteras de cada disciplina implicada (biología, ecología, geología, termodinámica, climatología, química atmosférica, astronomía planetaria, etc.).

22. A diferencia de otros organismos, Gaia necesita, además, una elevadísima diversidad interna como buffer ante las fluctuaciones extremas, tales como grandes meteoritos o episodios volcánicos. Aunque se extinga un 95 % de las especies, la reserva genética sigue siendo muy elevada para poder recomenzar. Se estima que hay millones de especies diferentes; sin embargo, otros "organismos" no disponen de tanta diversidad interna. Incluso los mamíferos y las aves difícilmente llegan a producir un millón de proteínas diferentes (lo que podría ser análogo a las especies de Gaia).

Tomándose en serio la teoría Gaia cibernética, Margulis (2004) se hace una serie de preguntas (cuya respuesta es "predictivamente" sí bajo la Teoría Gaia Orgánica), algunas de las cuales recojo:

1. ¿La tectónica de placas es un fenómeno gaiano[23]?

2. ¿La abundancia de granito, que no se conoce en ningún otro sitio del sistema solar y que comprende el 0,1 % del volumen de la Tierra[24], está relacionada directamente con la presencia de vida? ¿Fueron el flujo de agua y la emisión de oxígeno los que generaron las porciones graníticas de las placas?

3. ¿La tasa de disolución de vastas cantidades de sal (cloruro sódico) está retardada por la actividad biológica?

4. Si la vida es responsable de las enormes diferencias en los metros de agua precipitable sobre las superficies de los tres planetas ricos en sílice e interiores (Venus 0,01 m, Tierra 3 000 m, Marte 0,0001 m), ¿cuáles fueron los modos biológicos de retención del agua sobre la

23. Lowman (2002), al que cita Margulis, escribe: "La tectónica de placas aparece dominada por la dependencia del agua —y así, es dependiente de la vida—... La característica más sorprendente de la Tierra es su abundancia de agua: coloidalmente suspendida en la atmósfera, recubriendo dos tercios de su superficie, fluyendo y cayendo sobre el resto de esta e infiltrándose en la corteza y el manto. Los suelos retienen esta agua parcialmente porque la temperatura superficial de la Tierra se comporta como un organismo vivo que mantiene esta temperatura por una variedad amplia de mecanismos de realimentación, muchos de los cuales son causados por la propia vida" (pág. 280 en Margulis, 2004, pág. 10).

24. Un 0,1 % del volumen puede parecer poco, pero si tomamos una calculadora, sería como recubrir toda la Tierra con una capa de 2 km de espesor o aproximadamente el volumen que ocupan todos los océanos.

Tierra en el eón Arcaico[25]? Dedicaremos el Anexo II a abrir algo más esta cuestión.

En relación a la tercera cuestión, creo que sería más adecuado preguntarse: ¿la salinidad de los océanos está regulada por Gaia principalmente a través de sus organismos? Y si asumimos una Gaia Orgánica: ¿la salinidad está regulada por y para Gaia? Hinkle (1996) se hace la misma pregunta que Margulis. Señala que la composición y la salinidad total de los océanos ha sido constante desde hace más de 570 millones de años, a pesar de que los ríos transportan sal continuamente, a un ritmo que en menos de 60 millones de años conseguiría transportar tanta como la que ahora tienen disuelta. La pregunta inicial no es, pues, por qué son salados los océanos, sino por qué no son hipersalados como el mar Muerto.

25. Marte y Venus tuvieron, muy probablemente, más agua en los primeros millones de años tras su formación, pero la perdieron, mientras que la Tierra no. Aunque se buscan mecanismos físicos en los modelos para explicar esta diferencia, siguen debatiéndose y cada vez se hacen más complejos. Lovelock conjeturó un acoplamiento entre el metano y el oxígeno (CH_4, abundante al principio y continuamente producido por los seres vivos; reacciona con el oxígeno —o sus compuestos— para producir dióxido de carbono y agua). El CO_2, que genera en la alta atmósfera una zona de bajas temperaturas (cold trap), puede retener el agua que escapa, pero entonces hay que explicar por qué Venus y Marte, con mucho más CO_2 en sus atmósferas, no generaron una trampa efectiva para el hidrógeno. Además, la atmósfera terrestre ha evolucionado a un bajo nivel de CO_2(según la teoría Gaia, para evitar el sobrecalentamiento por el aumento de la luminosidad del Sol; de hecho, sin el CO_2 almacenado por los procesos de la biota, nuestra atmósfera tendría una cantidad de CO_2 parecida a la de Venus y el efecto invernadero generaría en la actualidad una espiral de realimentación —*runaway*— que elevaría la temperatura terrestre por encima de los 100 °C), con lo que la trampa fría carecería de efectividad por exceso de vapor de agua. Es posible que el oxígeno intervenga en el proceso de retención del agua (ver anexo II).

La biota es muy sensible a la salinidad: hoy es del 3,4 %, pero si se llegara al 5 o al 6 % solo podrían sobrevivir especies extremófilas (halófitas) debido al estrés osmótico y al enorme gasto energético que supondría bombear los iones y mantener el potencial de membrana. Así, en el mar Muerto, hipersalado, hay muy baja diversidad de vida, sin organismos grandes (Nissenbaum, 1975; Ionescu, 2012), y bastante menor biomasa que en los océanos, a pesar de la abundancia de energía. Incluso en zonas abiertas de la superficie oceánica, con pocos nutrientes, se encuentra un orden de magnitud más de bacterias que en el mar Muerto (Ionescu, 2012), y precisamente cuando llueve bastante y son arrastrados nutrientes y agua dulce (o esta emerge del subsuelo), aparecen explosiones de vida que llevan en unos pocos meses a multiplicar por 10 o por 100 el número de bacterias halófitas.

Es decir, la sal y la falta de nutrientes derivados, en parte, de la escasez de biomasa limitan mucho quiénes y cuántos pueden sobrevivir allí. Estas especies, además, tienen una actividad metabólica baja en sus condiciones habituales, aunque son capaces también de sobrevivir a la falta de nutrientes durante más tiempo que la mayoría de las bacterias normales (Oren, 1983). Esto significa que si no se retira la sal al mismo ritmo que llega a los océanos, bastarían menos de 30 millones de años para convertirlos en desiertos de vida tan solo habitados por bacterias halófitas y poco más. Pero, dice Hinkle, todos los modelos físico-químicos que han tratado de modelar esto sin tener en cuenta la biología han fallado (su hipótesis pasa por testar evaporitas de comunidades microbianas que regularían su entorno y contribuirían a la regulación de la salinidad).

Capítulo 2.
Gaia y la entropía.

La entropía se suele entender como una medida del estado de desorden de un sistema. La segunda ley de la termodinámica, la ley de la entropía, se identifica con la tendencia que tienen los sistemas a aumentar su desorden. Esta forma de entender la entropía, de raíces históricas, se presta a confusión desde el principio. Ese desorden vendría por la tendencia de los sistemas a llegar al equilibrio, que se supone más desordenado. La imagen que nos viene a la cabeza es el vaso de vidrio que al chocar con el suelo se rompe en pedazos y queda desordenado.

Se preguntará quizás el lector qué tiene que ver la entropía con Gaia o con la evolución, o con la vida. De hecho, ¿no parece contradictoria la ley de la entropía con la presencia de seres vivos que son altamente ordenados? En realidad no. En realidad, las leyes de la termodinámica favorecen una biosfera compleja, la visión de Gaia Orgánica.

Para la formulación estadística de la entropía el concepto de orden carece de sentido físico y le da la razón a Maxwell cuando expresó que este término es confuso y depende del estado de la mente humana que lo caracteriza como tal o no. Cuando históricamente se formuló la ley de la entropía, se hizo para sistemas aislados (sin intercambios externos de materia y energía). Estos sistemas van evolucionando hacia un equilibrio térmico, en el que dejan de pasar cosas. Para rescatarlo del equilibrio, hay que abrir el sistema y volver a introducir energía concentrada, y de nuevo, el sistema la repartirá en su interior y volverá al equilibrio.

La ley de la entropía se empleó en el contexto de las máquinas térmicas de la Revolución Industrial, como los motores de combustión, o en los procesos químicos ya cercanos al equilibrio. Toda la termodinámica clásica se basó en sistemas próximos a estar aislados o cerrados (estos últimos no intercambian materia, pero sí pueden intercambiar energía), no muy alejados del equilibrio y reversibles. Pero esto es una idealización, puesto que no existen tales sistemas. No hay posibilidad de tener un sistema aislado y reversible, y sin embargo, hemos interpretado la termodinámica desde sistemas imaginarios que no existen, lo que ha generado una confusión que aún continúa. Vemos la segunda ley como la tendencia natural a la muerte de los sistemas (el equilibrio) porque nos hemos fijado casi en exclusiva en sistemas-máquinas que aislábamos todo lo que podíamos.

Al comenzar a ver a los organismos como máquinas, su comportamiento en relación a la entropía nos pareció paradójico hasta que se corrió la voz de que, después de todo, tarde o temprano los organismos se morían y encontraban su equilibrio térmico, como nuestras máquinas. El destino era la muerte térmica; el destino de la vida, del planeta y del universo era acabar fríos. Pero esto solo es así una vez que se han borrado todos los gradientes del mundo; no es aplicable a los seres vivos ni a la Tierra porque no son sistemas aislados. No morimos fruto de una tendencia universal al desorden, y la contraprueba es observar el desarrollo de cualquier organismo complejo desde que comienza en forma de una célula hasta que termina. Basta con mirar el nido de unas palomas.

De forma intuitiva y válida desde el punto de vista físico, podemos definir la entropía como *el grado en el que un sistema ha compartido o difundido o dispersado su energía entre sus partes o con el exterior.*

Definiríamos la segunda ley de la termodinámica o ley de la entropía así: *en el universo, la entropía tiende a aumentar.* Es decir, hay una tendencia natural a difundir y a compartir la energía dentro del universo. Con una expresión antropocéntrica: *el universo se ama a sí mismo*, de tal forma que sus partes tienden a repartirse equitativamente lo más preciado que tienen, la energía. Otra forma más: la naturaleza física intenta reducir siempre los desequilibrios (en términos más físicos, aborrece los gradientes[26]).

Así, un sistema tendrá baja entropía si le queda energía que puede compartir y difundir entre sus partes o con el resto del mundo, y tendrá alta entropía si ya ha compartido buena parte de su energía.

Pongamos un ejemplo visual: imaginemos al coyote corriendo detrás del correcaminos. Como sabemos, el coyote termina siempre flotando en el aire unos instantes en lo alto de un barranco. Fijémonos en que, en ese momento, tiene una energía potencial gravitatoria y en que está cumpliendo con la primera ley de la termodinámica: conserva su energía. Pero no está cumpliendo con la segunda ley: tiene mucha energía disponible que puede compartir con el fondo del barranco y con el aire, así que es inevitable que caiga en picado.

26. Les digo a mis alumnos en clases de "física sin ecuaciones" que en el fondo es una ley de equidad y solidaridad. Si la energía es la "moneda" que nos permite hacer cosas, la entropía nos dice que el universo tiende a repartirla, lo que nos permite hacer cosas a todos, una ley que nos dice que el egoísmo, acaparar la "moneda", siempre sale derrotado. Aunque esto suene demasiado antropocéntrico, no lo es más que la cansina interpretación tradicional.

Al hacerlo, la energía potencial gravitatoria se va transformando en energía cinética, que sigue perteneciéndole, y en energía calorífica por rozamiento con el aire, que se dispersa, y al final del trayecto toda la energía cinética se transforma en calentamiento del suelo y de su cuerpo en el choque. Con ello ha difundido y compartido su energía con el resto del universo. Ha cumplido la segunda ley.

Hay sistemas que no pueden aumentar momentáneamente su entropía porque algo se lo impide (el coyote antes de asomarse al barranco o un vaso de vidrio sobre la mesa). Y hay subsistemas que incluso pueden disminuir temporalmente su entropía, como ocurre por ejemplo al formarse un cristal de sal común cuando se evapora el agua en la que estaban disueltos sus iones de cloro y sodio. La entropía del cristal ha disminuido (ha quedado almacenada una energía en sus enlaces químicos). ¿Qué pasa con la segunda ley? Nada, que se sigue cumpliendo, porque al evaporarse, el agua se ha llevado con creces la entropía que le falta al cristal. El sistema global, agua más cloro y sodio, comparte y difunde más la energía una vez evaporada el agua y formado el cristal que antes de hacerlo. Es más: la formación del cristal se favorece precisamente porque así se comparte y se difunde más la energía.

Este ejemplo cotidiano es mucho más relevante de lo que parece a simple vista. Nadie se extraña de que en las salinas se formen cristales de sal al evaporarse el agua del mar; sin embargo, si nos acercamos a una salina que ya ha evaporado el agua, veremos que se ha formado una estructura no muy compleja pero perfectamente ordenada y que almacena una energía potencial en los enlaces de cloro y de sodio.

El proceso es espontáneo y, sin embargo, nadie pregunta cuál es la probabilidad de que trillones de átomos de cloro y de sodio que estaban en posiciones aleatorias se pongan de acuerdo para formar sin equivocarse casi nunca esa larga cadena de estructura tridimensional cúbica: Cl-Na-Cl-Na-Cl-Na... Si no conociéramos las fuerzas implicadas, tenderíamos a pensar que es un milagro, que estamos ante un suceso único en la historia del universo, quizás que alguien inteligente ha ordenado los átomos con infinita paciencia...

¡Lo mismo pasa con los seres vivos! Todos almacenan una energía en sus enlaces químicos que temporalmente no comparten. Pero en el resto de sus intercambios energéticos, están haciendo que aumente la entropía del universo que los contiene, y que lo haga de forma que compense sobradamente la disminución de la entropía en sus cuerpos[27].

Escriben Schneider y Sagan (pág. 18): "La tendencia de la naturaleza a reducir gradientes, es decir, la tendencia de la energía a dispersarse es asistida [más específicamente, acelerada] por organizaciones complejas, vivas y no vivas... Al consumir energía, realizar trabajo y construirse a sí mismas, desempeñan una función natural: la producción de entropía... Pero no se limitan a obedecer dicha ley, sino que promueven activamente su cumplimiento".

Podríamos pensar: sí, pero ¿por qué no mueren rápidamente los seres vivos? Por ejemplo, ¿por qué no se arrojan los

27. Mirémoslo de nuevo con mirada antropocéntrica: los organismos son como ONGs muy eficaces, consiguen un dinero para ayudar al desarrollo humano, pero detraen una pequeña parte de ese dinero para poder hacerlo.

animales por los barrancos? De esa forma también aumentaría la entropía.

Pues porque parece que existe algo más: resulta que la naturaleza no cumple la segunda ley de cualquier modo, sino que tiende a hacerlo de la forma más rápida posible dadas unas restricciones físicas y unas condiciones de contorno concretas. Es como si aborreciera los gradientes o tratara de difundir y compartir la energía de la forma más rápida posible. La segunda ley nos habla solo de la dirección preferida de los intercambios energéticos, pero no del ritmo o la tasa de esos cambios. Si hay dos caminos para reducir el gradiente o para compartir la energía, la naturaleza tiende a escoger el más rápido a escala local, en la que lo local se va ampliando de lo microscópico a lo macroscópico.

Ejemplos: el coyote cae en picado, no planea suavemente para llegar al fondo del barranco; la gota de agua que cae por la montaña y busca el mar va por el camino de máxima pendiente, por el más rápido a escala local que se le permite; la pelota que desciende por una cuesta no zigzaguea.

¿La formación del cristal de sal favorece la evaporación del agua y con ello aumenta más rápido la entropía? Sí.

¿Y qué pasa con la pluma del correcaminos que logró atrapar por un instante el coyote? Observamos que esta también cae al fondo del barranco, pero no lo hace de forma tan rápida como el propio coyote. En el caso del coyote, la fuerza de rozamiento con el aire o el viento ejercen fuerzas pequeñas comparadas con la fuerza de atracción gravitatoria, pero en el de la pluma no; al intervenir más fuerzas, aparecen más grados de libertad: la pluma puede disipar su energía potencial gravitatoria instante a instante no solo con las moléculas de aire que tiene debajo, sino con las que tiene al lado. Entonces zigzaguea, se entretiene y parece que el proceso de aumento de la entropía es más lento que con el coyote. No es así: a escala local espacial y temporal, la pluma está compartiendo su energía con el universo más rápidamente; prueba de ello es que cuando está cerca del fondo del barranco ya casi no le quedan energía potencial gravitatoria ni energía cinética; en cambio, el coyote lleva mucha velocidad y energía cinética que no comparte con el universo hasta que choca. La pluma no sabe que, si cayera en línea recta, al final se encontraría con el suelo (no es presciente), y por eso solo cumple lo más rápido que puede la ley de la entropía a escala local, instante a instante.

Es decir, si queremos evitar presciencias de sistemas que no entendemos cómo pueden cumplir más rápido con la entropía, estamos ante el preliminar de lo que podría ser una nueva ley de la termodinámica, la cuarta (la tercera es la de que no podemos bajar a 0 º Kelvin o –273,16 º Celsius):

Cuarta ley (en construcción): *si existen varios caminos para aumentar la entropía, se favorecerá el más rápido de acuerdo con los grados de libertad locales que se tengan.* De nuevo expresado antropocéntricamente: *el universo no solo se ama, sino que lo hace apasionadamente.* Se reparte la energía a la mayor velocidad que le es posible[28].

28. Pese a que Schneider y Sagan y otros autores prefieren quedarse con la segunda ley y no ir más allá, el hecho de que aumente la entropía no es suficiente para explicar por qué esta lo hace, además, de la forma más rápida posible. En la literatura, esto se denomina "principio de la máxima producción de entropía" (MEP o MEPP en sus siglas en inglés). Pero de

Resulta que un sistema complejo tiende a aumentar la diversidad de caminos posibles para aumentar la entropía. Al aumentar el número de caminos posibles, estadísticamente es más probable que aparezcan caminos en los que cumplir la cuarta ley. Es decir, una vez establecida, la complejidad sería estable, porque tiende a hacer que el sistema que la ostenta aumente la entropía más rápidamente.

Y la vida es compleja por definición. Así que podemos comprobarlo. ¿Un sistema con un organismo aumenta su entropía más que el mismo sistema sin él? Respuesta: en principio sí. El problema es que los seres vivos son tan complejos que tienden a complicar también el sistema en el que se encuentran, a modificarlo tanto que la comparación no es tan sencilla. Pero allí donde hay un organismo vivo, encontraremos ciclos de materia movidos por flujos de energía que mientras mantienen el organismo aumentan más rápido la entropía del universo que sin ellos.

En el caso de los organismos parece como si se produjera una anticipación del futuro posible que no tiene la pluma del correcaminos, pues un organismo es capaz de atrapar una energía y utilizarla para sí temporalmente antes de dispersarla, de forma que a más largo plazo la entropía global aumenta más deprisa que sin él.

nuevo hay una confusión histórica cuando se analizan sistemas cercanos al equilibrio, porque en ellos los gradientes energéticos son ya pequeños y la entropía parece aumentar lentamente. Quizás habría que verlo como una función exponencial decreciente, que comienza decayendo rápido para luego decaer, en apariencia, lentamente y tardando mucho tiempo en hacerse cero; sin embargo, siempre decae con el mismo ritmo relativo (la mitad de lo que le queda por caer en el mismo tiempo).

En cualquier caso, en muchos sistemas físicos tenemos ejemplos de estructuras relativamente complejas que se forman espontáneamente "para" disipar el gradiente energético más rápido: un huracán aumenta la entropía del entorno más rápido que cuando él no está; las celdas de Bénard disipan más rápido el calor cuando se forma su estructura hexagonal de flujo ordenado (convección en la que se transfiere y cicla materia) que antes de formarse (disipación caótica por conducción o choques moleculares) ; la Gran Mancha Roja de Júpiter es un huracán permanente... Estos sistemas son estables siempre que el flujo de energía permanezca y las condiciones de contorno no varíen. Es más, lo que son procesos dinámicos terminamos viéndolos como sistemas, y entonces los nombramos: huracán, celdas, Mancha Roja...

Todos estos sistemas, desde los huracanes hasta los organismos, mientras exista en ellos un flujo de energía libre, un gradiente, se "ordenan" de tal forma que hacen aumentar más rápido la disipación de energía, y aprovechan esa energía libre para habilitar procesos de mantenimiento de sus estructuras al tiempo que con ello aumentan más rápido la entropía del universo que los contiene. Esa velocidad de crecimiento de la entropía depende del contexto físico y de la complejidad del propio sistema que incluye la estructura disipadora. Por ejemplo, Onsager (1931) demostró que las celdas de Bénard maximizaban la producción de entropía al reducir, mediante el reordenamiento y la formación de las celdas, la restricción que imponían los choques caóticos.

Es decir, las leyes de la termodinámica favorecen la estabilidad de los sistemas complejos, su sostenibilidad[29].

29. Si entendemos a las especies vivas como procesos cuya continuidad va más allá del individuo organismo, es decir, si vemos a los hijos y nietos

El desarrollo de Gaia sería sostenible porque evoluciona hacia un sistema que se mantiene complejo. Será cada vez más estable si evoluciona hacia un sistema cada vez más complejo[30].

En el caso de sistemas/procesos mayores que los "organismos" también ocurriría lo mismo, como en el caso de los ecosistemas (¿ecoprocesos[31]?). Ecosistemas más diversos y complejos como el Amazonas utilizan y finalmente dispersan más energía que ecosistemas más sencillos como una plantación de eucaliptos, y estos a su vez más que una mina de carbón a cielo abierto. La observación de que el Amazonas canaliza y dispersa más energía es una pista de su complejidad y nos permite el establecimiento de un indicador

como parte del mismo proceso (después de todo la materia que compone un organismo cambia y es el proceso y la información la que permanece), la vida es remarcablemente estable: el pececillo de plata, el tiburón o el ginko son más antiguos que el Himalaya.

30. Skene (2017) señala que: "La difusión, un elemento clave tanto en los procesos físicos como en los biológicos, produce un incremento de la entropía de un sistema, como predice la segunda ley. De hecho, es la segunda ley de la termodinámica la que conduce los procesos difusivos. Esto terminará siendo importante cuando miremos a... la biología evolutiva".

31. Kleidon (2004) cita a Morowitz (1968), quien "examinó los flujos de energía desde las moléculas orgánicas hasta los ecosistemas, y demostró que los sistemas sujetos a gradientes de energía externos tienen una tendencia a desarrollar ciclos materiales internos, lo que conduce al sistema más allá del equilibrio y a estados más bajos de entropía. Hoy sabemos que los ecosistemas mantienen su estructura mediante la conversión de la radiación solar de baja entropía en formas de energía de alta entropía, como la radiación de onda larga y el calor latente y sensible". Para nosotros, la "tendencia a desarrollar ciclos de materiales internos" es una de las bases fundamentales de la emergencia de Gaia.

del grado de "organicidad" que posee comparado con otros procesos que sí identificamos como organismos[32].

Cuando miramos estos sistemas/procesos, todos tienen algo en común desde la física termodinámica: todos intercambian energía con su entorno, cumpliendo la suma de ellos más su entorno con la segunda ley, al tiempo que distinguimos el sistema/proceso en el que nos estamos fijando de su entorno.

Es fácil distinguir dónde empieza y dónde acaba el cristal de sal; tiene fronteras muy definidas precisamente porque, una vez "cristalizado", los intercambios de energía y materia se hacen tan lentos que nos permiten distinguirlo. En el caso del agua líquida de un vaso en una habitación húmeda la cosa se complica, pues veremos el agua estable, pero si miráramos a escala molecular observaríamos un intercambio continuo de moléculas líquidas con vapor de agua de ida y vuelta: la frontera empieza a desdibujarse. En el caso de un huracán o

32 Skene (2017) señala que "los organismos son sistemas abiertos, como todos los otros niveles de organización de la biosfera, y su camino está determinado por una red interactiva mayor en la que ellos existen. Si los organismos fueran máquinas de decisión discretas e independientes, entonces la dinámica de poblaciones, la sucesión ecológica y otras propiedades emergentes supraorganísmicas no podrían ser explicables. Los organismos no se sitúan en lo alto de la jerarquía organizacional, sino que más bien se encuentran dentro de la red contribuyendo y siendo formados por todo lo que los rodea.

El incremento de complejidad conlleva un incremento de la disipación entrópica en el nivel individual. El advenimiento de la multicelularidad, de la especialización celular, del incremento del tamaño y de la homeotermia, todo ello incrementa la producción entrópica... El incremento de complejidad requiere mayor crecimiento y mantenimiento de respiración, lo que convierte mayores cantidades de energía libre... y exporta más entropía".

la llama de una vela o la formación de una nube en un cielo despejado, los procesos son mucho más dinámicos a nuestra escala temporal y las fronteras no son tan nítidas precisamente porque en ellas están produciéndose intercambios de energía y materia. Llamamos nube a una nube, aunque sabemos que 5 minutos después su forma será diferente.

En el caso de un organismo pasa algo parecido. A animales como nosotros (y la biología ha sido muy zoocéntrica, ver Anexo IV) nos parece fácil distinguir el organismo de su entorno. Sin embargo, estamos intercambiando energía y materia continuamente. La piel nos define, pero nuestras fronteras son permeables hasta el punto de que termina siendo difícil distinguirlas a escalas no cotidianas para nosotros. A muy corto plazo veremos intercambios moleculares, respiración, transpiración, disipación continua de calor. ¿Cuándo una molécula de agua que voy a beber forma parte de mi yo?, ¿a qué lado de la frontera pertenece la célula epitelial muerta a punto de desprenderse de mi piel? Y a la inversa: la entidad continúa siendo identificada a pesar de que a largo plazo toda la materia que la forma ha sido intercambiada por otra; es decir, no es la materia concreta, sino los procesos los que identificamos, y en casos parecidos a nosotros, incluso identificamos individualidades que cambian de apariencia y forma (infancia, madurez, vejez).

A algunos procesos nos cuesta más identificarlos como organismos en parte porque sus escalas temporales y espaciales y los intercambios y fronteras son muy distintos a nuestra "piel". Pero un indicador adecuado y "objetivo" puede ser analizar los procesos energéticos y materiales: qué pasa con la entropía, cómo se dispersa la energía, cómo se intercambia la materia dentro y fuera del sistema/proceso, etc.

Incluso podemos ampliar la escala aún más. Podemos imaginar cómo sería la Tierra sin vida y comparar la generación de entropía creada con la de la Tierra con vida (es decir, con la de Gaia). ¿Es la Tierra con organismos más compleja, y aumenta más rápidamente así la entropía del universo? ¡La respuesta es sí! Y no solo eso: si la entropía de una Tierra en la que los seres vivos evolucionan adaptándose a su entorno físico sin más aumenta más despacio que la entropía de una Gaia Orgánica capaz de regular su propio entorno, tendríamos una predicción de Gaia que comprobar. Por ejemplo, la evapotranspiración de las plantas terrestres hace más dinámico el ciclo del agua, con lo que la entropía aumenta más rápido que antes de que las plantas colonizaran los suelos. Matemáticamente mostré (Castro, 2008) que, al haber deforestado tanto a lo largo de su historia, nuestra civilización hace que la entropía se esté creando en el universo a menor ritmo que antes de la deforestación, a pesar de la propia entropía que estamos creando como civilización con todas nuestras industrias y máquinas.

Si nos preguntamos por la temperatura que tendría la superficie de la Tierra en el caso de que no existiera la vida o en el caso de que los seres vivos se adaptaran sin más a las condiciones físicas del entorno físico sin influir en él, la respuesta sería posiblemente un valor bastante mayor que el que disfrutamos ahora. Esto significaría que el salto térmico entre la superficie del Sol y la superficie de la Tierra sería menor, y la consecuencia sería un menor aumento de la entropía de los fotones solares tras ser dispersados por la Tierra (Castro, 2008).

La vida es estable mientras disponga de gradientes energéticos estables. La mayoría de las estrellas viven miles de millones de años proporcionando esos gradientes, por lo que la vida no sería una casualidad en el universo sino que, muy probablemente, es bastante común (es cierto que requiere unas condiciones, como el cristal de sal necesita de agua en evaporación para formarse). Pero una vez formada la vida las leyes de la física la favorecen, y lo que es muy importante, ¡favorecen que la vida aumente su complejidad! Es decir, que lo que la biología actual tiene serias dificultades para explicar, a saber, el porqué de la tendencia y la persistencia (a pesar de catástrofes externas a Gaia) de la aparición de especies cada vez más complejas de forma acelerada (ver capítulo 3), tenemos una explicación parcial de la mano de las leyes físicas: *los organismos complejos son estables porque favorecen el cumplimiento de las leyes de la termodinámica*[33].

33. Para Schneider y Sagan (pág. 153): "En las celdas de Bénard, los ciclos se mantienen indefinidamente si persiste el gradiente [y las condiciones de contorno]... Es como si la presencia del gradiente presionara a las partículas para que se agregasen en 'individualidades' [macroscópicas] disipativas, y en ese paso de organización, la producción de entropía aumenta". Hablaríamos de un resultado de coordinación espontánea que es estable, genera estructuras complejas macroscópicas, aumenta la creación entrópica y disipa antes los gradientes; todo viene en el mismo paquete. Y aclaran (pág. 156): "Estas estructuras ni surgen de sucesos aleatorios ni surgen de un creador activo". (Las celdas de Bénard podrían parecer el diseño inteligente de un creador; Schneider y Sagan están, pues, alejándose de la aleatoriedad del neodarwinismo y del diseño inteligente o similares).

En cambio, sí son una complejidad irreductible en cierto sentido, pues no aparecen primero triángulos, luego cuadrados y así hasta llegar al hexágono, ni aparecen hexágonos que van mejorando su calidad "hexagonal" —desde hexágonos muy mal formados a hexágonos regulares—; la estructura supone un salto brusco de complejidad, que es lo que no "tolera" bien

Pero no estoy diciendo que estas leyes sean suficientes para explicar la evolución de las especies y de Gaia, pues no explican cómo aparecen los organismos complejos o los sistemas complejos, sino que explican su permanencia, su estabilidad. En cambio, el neodarwinismo no solo no puede explicarlo, sino que las fuerzas que pretende que están implicadas son opuestas a las leyes que acabamos de explicar. Las interacciones entre seres son competitivas, la selección natural es una fuerza simplificadora (y en todo caso, conservadora), pero nunca creativa de la complejidad. Cuando dos seres compiten por los recursos al modo de Darwin y del neodarwinismo en su versión competitiva, la entropía no solo no aumenta más rápidamente, sino que tiende a hacerlo al revés, más lentamente, precisamente porque tiende a reducirse la complejidad del sistema.

Solo la coordinación o la cooperación, y no la competencia, son fuerzas que permiten integrar un sistema. Cuando una célula eucariota surgió de la interacción entre procariotas la interacción al final del proceso no pudo ser competitiva, sino necesariamente coordinada. Cuando surge un gorrión de la interacción entre sus células y órganos, a nadie se le ocurre pensar que su corazón compite con el cerebro y es seleccionado, o que una célula epitelial es seleccionada frente a otra porque su aptitud es mejor y se reproduce más. Los sistemas complejos serían seleccionados una vez formados no por la selección natural de Darwin,

el darwinismo. Además, tampoco son un producto de ninguna selección natural o de competencia por recursos energéticos, sino que, en todo caso, son el producto de una "cooperación". La coherencia y la estructura surgen de la coordinación, son una coordinación.

sino, en parte, porque con ello se cumplen las leyes de la termodinámica. Y porque se cumple mejor la "cuarta ley[34]".

Siempre que sea posible, en el sistema Tierra se formará una jerarquía de niveles de organización de la célula al organismo y de este a los ecosistemas y a Gaia. Es inevitable que exista una tendencia hacia la formación de Gaia como un organismo altamente complejo e integrado, sencillamente porque cada paso hacia esa integración y complejidad hace que la Tierra comparta y difunda más rápidamente con el universo la energía que le viene del Sol. Y si vemos a Gaia como un organismo, de nuevo, la interacción entre sus componentes no será competitiva, ni existirá selección natural al modo clásico; no puede haberla, porque ningún organismo ni ser altamente complejo la lleva a cabo dentro de sí. Así pues, la interacción será coordinada. Los organismos vivos se coordinan como lo hacen las células del organismo del lector. Y esta coordinación es automáticamente seleccionada cada vez que lleva a un crecimiento de la entropía (al menos, a largo plazo), porque así se cumple mejor que la energía del universo se difunde más rápido.

En mi opinión, si vemos a Gaia como un organismo, este es capaz de modificar tanto el sistema (la superficie de la Tierra) que incluso es difícil comparar cómo sería con y sin Gaia. Un organismo es un ser propositivo (con finalidades

34. La idea es antigua y es el problema del criterio de selección natural. Sin un criterio de selección natural más o menos universal el mecanismo de la selección natural puede convertirse en tautológico: se seleccionan los que sobreviven, sobreviven los que son seleccionados. Han sido, en general, biofísicos o físicos los que han buscado estos criterios de selección universal, y se han propuesto candidatos relacionados con la energía, tales como la segunda ley o la "cuarta ley".

que le pertenecen, aunque estas sean inconscientes). Gaia regula la temperatura, la salinidad de los océanos, su acidez, etc. con propósito, aunque este sea inconsciente. Todo esto nos resultará extraño hasta que recordemos que la colmena de abejas regula bastante bien la temperatura interna sin ser consciente de lo que hace, pero con un claro propósito (o varios, como pueden ser mantener la cera sólida y la miel líquida, ayudar a la supervivencia de sus abejas, que no están sometidas a los rigores del invierno, etc.). Cuando una golondrina construye su nido, es obvio que lo hace con un propósito claro, sea o no este consciente.

Todo organismo tiene propósitos. Todo organismo favorece la creación de entropía y, además, de una forma más rápida. El sistema Tierra tenderá, si las condiciones son apropiadas, a formar un macroorganismo. Si a este organismo lo llamamos Gaia, Gaia tiene que tener propósitos.

Pero, al igual que mis células y órganos tienen sus propios propósitos, aunque sometidos a los propósitos del organismo en el que se encuentran (yo), hasta el punto de que muchas células mueren a diario para mantener el organismo en óptimas condiciones, debemos extrapolar lo mismo a Gaia. Los órganos y células de Gaia, sus partes en interacción, tendrán propósitos propios, pero sometidos a los propósitos y dictados de la propia Gaia. Es Gaia, y no la selección natural darwinista, la que selecciona en cada momento de Gaia qué células mueren y cuáles se reproducen. Si no lo hiciera así, no podría haber la integración suficiente como para formar un organismo.

EL TRINOMIO DE PRIGOGINE Y EL JUEGO DE LAS MUÑECAS RUSAS

Prigogine dice que todos los sistemas complejos disipativos (alejados del equilibrio térmico y que intercambian energía) son estructuras abiertas a los intercambios de energía, materia e información. Estos sistemas quedan definidos por tres elementos que tienen las siguientes propiedades:

1. *Estructura*: Es el mayor conjunto que identificamos, el sistema o proceso emergente. Una vez formado, determina causalmente las diversas funciones que realiza. Por ejemplo, identificamos una célula como un conjunto definido a partir de unas fronteras (la membrana), y de algún modo, la célula dicta a sus millones de proteínas dónde van y qué deben hacer.

2. *Funciones*: Son las partes del sistema cuyos procesos y relaciones determinan causalmente la estructura. Por ejemplo, los orgánulos de la célula o sus proteínas y moléculas constituyentes. El conjunto de los orgánulos o de proteínas y moléculas forman la estructura que llamamos célula.

3. *Fluctuaciones*: Son intercambios de energía y materia que producen los cambios del entorno o de las funciones y la estructura y que influyen causalmente sobre las funciones y la estructura, a la vez estas influyen causalmente en el entorno y sus fluctuaciones. Por ejemplo, una mutación de un gen producida por un fotón ultravioleta.

4. Existen *realimentaciones internas* entre cada elemento y entre todos los elementos del sistema.

De forma esquemática, tendríamos lo que he venido en llamar "trinomio de Prigogine" (Castro, 2008):

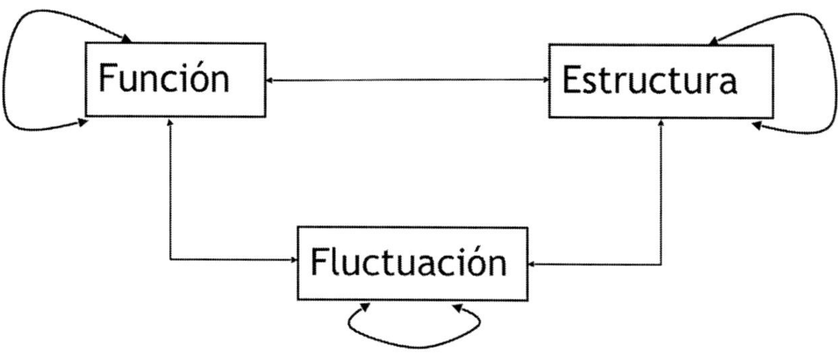

FIGURA 2.1. "Trinomio de Prigogine". En los sistemas disipativos complejos cada recuadro está en interacción con los demás y consigo mismo.

El trinomio de la figura valdría para cualquier sistema disipativo suficientemente complejo y se derivaría de leyes físicas que deben cumplir todos estos sistemas. Todos los sistemas biológicos son disipativos y complejos; por tanto, cualquier teoría biológica que describa los sistemas biológicos, sea una población de bacterias, un ecosistema o Gaia, debe ser coherente con él. A finales de los años 90 escribí a Ilya Prigogine para comentarle que a la teoría evolutiva clásica le faltaban algunas realimentaciones causales de modificación, lo que venía a significar que o el trinomio de Prigogine no era universal o que la teoría evolutiva no era completa[35].

La teoría evolutiva estándar separa a los organismos en dos niveles: genotipo y fenotipo, a la vez que separa a los organismos de su entorno (ecosistema). Podríamos considerar los genes como las partes funcionales cuyo conjunto construye el organismo. Pero el organismo, aunque puede modificar la expresión de sus genes, no puede modificar la secuencia genética de tal forma que las generaciones siguientes nazcan con los cambios (ver figura 2.2).

En la literatura científica esta hipotética capacidad se denominaría neolamarckismo. De hecho, afirma que si los cambios del organismo debidos a accidentes o a cambios temporales en el entorno dieran lugar a un cambio propositivo del genoma y este se heredara, sería casi siempre *maladaptativo* para la siguiente generación. En el caso de los animales (en los que se han centrado la biología y la teoría evolutiva), para evitar precisamente este problema se ha argumentado que existe una "barrera" denominada de Weismann: la separación entre la línea germinal (células sexuales) y la somática (el resto de tipos celulares que constituyen el organismo). De esta forma, la mayoría de los cambios en el organismo afectarían a las células somáticas y no se heredarían. Es más: los insectos eusociales, que suponen un salto jerárquico de complejidad, tendrían una doble barrera de Weismann, porque la mayoría de los

35. Por supuesto, Ilya no quería renunciar a su trinomio, que a mí tanto me convencía, así que, aunque se excusó con que no controlaba lo suficiente de biología, me animó a seguir investigando el tema.

insectos que constituyen una colonia son estériles y los cambios que sufren no serían heredables.

A la teoría evolutiva clásica le han bastado estos argumentos quizás porque tradicionalmente ha visto la vida como una lucha teñida de rojo en la que los cambios normalmente no son buenos. Sin embargo deja poco espacio para ciertas sutilezas: primero, los unicelulares y muchas plantas no tienen la barrera de Weismann típica de los animales; y segundo, y sobre todo, existen cambios en el organismo que a las generaciones futuras les interesaría heredar. Por tanto, aunque el neolamarckismo efectivamente es un problema en muchas ocasiones, más adaptativo e inteligente sería que el organismo, sobre todo cuanto más complejo fuera, tuviera más capacidad de discriminar los cambios positivos de los negativos de tal forma que habilitaría "pértigas" con cierto control para saltar las barreras de Weismann si y solo si fuera de su interés. Esta hipótesis se ha venido corroborando, al menos, en ciertos mecanismos que se denominan epigenéticos (Jablonka, 2006).

En realidad, un organismo que fuera muy capaz en este sentido tendría muchísimo éxito evolutivo[36], quizás demasiado, lo que podría convertirlo en un "tramposo" desregulador del ecosistema que lo acoge. Por ejemplo, el aprendizaje de una hormiga obrera hasta tal punto que fuera capaz de sobrevivir sola no le interesa al hormiguero, y de ahí que para

36. Imagínese que el comportamiento aprendido pudiera ser fijado en los genes; ¿podríamos nacer sabiendo montar en bicicleta? Lo curioso es que nacemos sabiendo bucear —lo olvidamos— y que los guepardos nacen con la secuencia adecuada de caza aprendida (acercarse a la presa sigilosamente, correr tras ella, derribarla, ir a la garganta, asfixiarla presionando la tráquea).

este pueda ser útil la esterilidad de sus obreras. De igual manera, un organismo reproductivo que se saltara la barrera de Weismann con facilidad en su interés podría desestabilizar el ecosistema al que pertenece; por tanto, al ecosistema (y a Gaia) no le interesaría en general, y serían en todo caso el ecosistema o Gaia los que dirigirían los mecanismos neolamarckistas de sus partes elementales. De forma contraria, el deterioro de un ecosistema podría inducir indirectamente mecanismos de selección individual de organismos "tramposos[37]".

En cualquier caso, el trinomio de Prigogine para la teoría neodarwinista quedaría así:

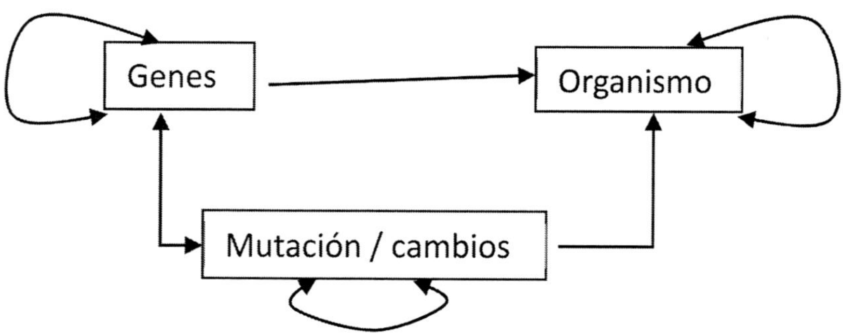

FIGURA 2.2. Trinomio de Prigogine "incompleto" de la biología evolutiva.

37. Esto ya lo observó Kropotkin hace más de un siglo. El deterioro del ecosistema puede provocar un retroceso en la socialización, en la cooperación o ayuda mutua de los organismos.

Costó muchas décadas admitir que los genes se modifiquen a sí mismos, a pesar de las pruebas que Barbara McClintock vino aportando con fenómenos como el de *transposición*[38]. Ciertamente, el neodarwinismo admite que los cambios del entorno modifican los organismos, pero le cuesta mucho más admitir lo que vengo en llamar "tecnología", que sería la capacidad de los organismos de modificar el entorno en su beneficio. Se admite que se haga de forma mecánica y contingente, por ejemplo, por medio de los residuos que generan, pero cuesta mucho admitir que el nido de un ave o la presa de un castor son tecnologías elaboradas con una finalidad por mucho que nos resulte obvio.

Esta dificultad proviene históricamente de dos razones: la mecanización de la vida (las teorías clásicas son reduccionistas y mecanicistas; ver Epílogo) y la obsesión por explicar la capacidad de adaptación de los organismos al entorno. La tecnología permite una cierta libertad ante esa necesidad de adaptación, pues al adaptar el entorno en su beneficio, el organismo no tiene que adaptarse él.

Para el nivel más allá de los organismos sean éstos termiteros, ecosistemas o la propia Gaia, esto cuesta aceptarlo

38. El dogma central de la biología molecular, que se inició con el esquema simple: el ADN (genotipo) hace el ARN y el ARN (intermediario) hace la proteína (el fenotipo), se ha complicado de tal forma que se admiten ya todas las realimentaciones (ADN modifica ADN, ARN modifica ARN, proteína modifica proteína, ARN modifica ADN) menos que la proteína pueda modificar el ADN o el ARN (aunque se admite que la metilación del ADN, y por tanto la expresión futura de este aunque no su cadena, mediada por proteínas puede ser heredable). Como dogma (acientífico, pues), ha supuesto una fuerte inercia a admitir todos los cambios observados posteriormente.

mucho más, ya que no se les contempla normalmente ni siquiera como organismos. La hipótesis Gaia inicial de Lovelock y Margulis fue atacada en parte por insinuar esta flecha causal entre el organismo (en este caso la propia Gaia) y su entorno; así, no se admite que las capacidades de regulación homeostática del planeta constituyan una finalidad de la estructura formada. Pero la hipótesis inicial de Gaia ayudaría a completar el trinomio de Prigogine a escala de la biosfera (una estructura disipativa compleja).

Por tanto, a la teoría evolutiva clásica (síntesis moderna de la primera mitad del siglo XX) le faltarían uno o dos flujos de modificación causal (neolamarckismo y tecnología), y no cumplirían el trinomio de Prigogine. Una de las dos teorías no es completa.

Quizás los físicos se sientan más cómodos con unas ideas derivadas de la nueva termodinámica —si bien la teoría de Prigogine no está consensuada— que con unas ideas de una biología inspirada en una termodinámica más antigua: la de Boltzmann, "caótica y depresiva[39]".

El trinomio de Prigogine nos sirve también para visualizar cómo la biología tiende a crear anidamientos jerárquicos de estructuras (ver capítulo 3). Veámoslo con un ejemplo de organismo simbiótico que describen Lynn Margulis y Dorion Sagan en *Captando genomas*:

Una termita en el trinomio de Prigogine puede verse como una estructura disipativa compleja (un organismo)

39. La síntesis moderna, en algunos de los términos discutidos aquí, resulta también incompleta para distintos historiadores, filósofos y biólogos (ver Epílogo).

con una diversidad de funciones internas en realimentación mutua. Una de las funciones es la digestión de la madera, que es llevada en algunas termitas por prototistas y bacterias intestinales, o por hongos que cultivan en sus nidos en el caso de otras (o ambas estrategias). Los prototistas o las bacterias hacen funciones de la estructura mayor, pero a su vez son estructuras semiindependientes (con fronteras permeables definidas, como las termitas) compuestas de otras funciones realizadas por otras estructuras, por ejemplo, los orgánulos celulares de los prototistas (mitocondrias, núcleo, etc.). Algunos de los prototistas tienen bacterias en simbiosis dentro de ellos, es decir, endo-endosimbiosis (endo-: dentro de). Lo que vemos, pues, es una estructura jerárquica de niveles en los que las funciones forman una estructura que a su vez es función de otra estructura: bacterias dentro de prototistas dentro de termitas.

Pero el conjunto de hongos y termitas a su vez puede verse como funciones de una estructura mayor que llamamos termitero y que, como conjunto, puede considerarse como un organismo (con las funciones propias de este, incluida la reproducción del termitero, cosa que no hacen la mayoría de sus partes funcionales: hongos y termitas "obreras" o "soldados"). Los hongos son domesticados por las termitas, se suele decir, pero son mantenidos por las termitas y viven mejor en el termitero que fuera de él. Además, si contemplamos el termitero como un todo, la mayor parte del oxígeno y del metabolismo circula por los hongos y no por las termitas, así que, desde el nivel inferior, ¿quién ha domesticado a quién? La respuesta más coherente está en el nivel superior: el termitero ha domesticado tanto a las termitas como a los hongos como a los prototistas y a las bacterias[40]. En Sudáfrica, los termiteros de *Macrotermes natalensis* construyen el equivalente a verdaderos rascacielos de 3 metros de altura que al reproducirse pueden terminar formando ecosistemas de ciudades de termiteros.

La primera pregunta es si los ecosistemas pueden verse como estructuras suficientemente complejas para considerarse como organismos cuyas funciones las realizarían los organismos que los componen, y la segunda pregunta es si el ecosistema de ecosistemas, Gaia, es a su vez la mayor estructura con la complejidad de un organismo que, al igual que el termitero, la termita o una bacteria, es una estructura formada por subestructuras funcionales.

Si para la teoría estándar la biosfera se ha visto como el tablero pasivo de juego de los organismos, para la Teoría Gaia Orgánica la biosfera constituiría el organismo-estructura mayor de una cadena de "muñecas rusas[41]":

40. Lo curioso es que ni siquiera J. Scott Turner, que habla brillantemente de *organismo extendido*, vaya más allá de centrar el tema en las termitas. Según él las termitas son las protagonistas, y como conjunto han sido capaces de formar un organismo extendido cuya digestión (y respiración) está fuera de ellas mismas, como el corazón artificial en un hospital durante un trasplante (Turner 2002).

Desde nuestro esquema, el superorganismo no es solamente el producto de la interacción de las termitas: el superorganismo es el termitero, al igual que las células de la termita, al ceder sus funciones a esta, dejan de ser organismos independientes y decimos que el organismo es la termita. Pero las termitas han hecho tan irreversible el traslado de sus funciones al termitero que este es el organismo, y las termitas serían como células de él (la mayoría "somáticas": obreras y soldados, y unas pocas "sexuales": las termitas aladas, es decir, la reina y los machos reproductores).

41. La tecnología de los organismos complicaría el entorno hasta convertirlo, junto a ellos, en un organismo.

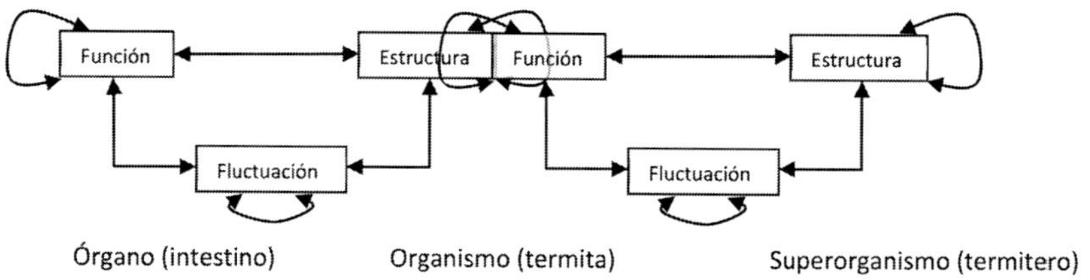

FIGURA 2.3. Sucesión de trinomios de Prigogine unos dentro de otros hasta llegar a Gaia.

Los niveles se pueden anidar de una forma más diversa y compleja que el encadenamiento del juego de las muñecas rusas. Así, las moléculas como el ácido fórmico tienen una función sobre el propio hormiguero, es decir, existen conexiones directas entre sub-subfunciones y la estructura mayor. Y a la inversa, la estructura mayor determina los flujos de las funciones inferiores, por ejemplo el nivel de adrenalina en un mamífero[42].

La aproximación a la jerarquía desde la biología clásica se ha basado principalmente en los problemas de aptitud (*fitness*) para pasar del individuo a la colectividad, pues en algún grado y momento los individuos deben comportarse altruistamente por el beneficio del todo.

42. Lo que, más que al juego de las muñecas rusas, recuerda a algunos cuadros de M. C. Escher de escaleras en varias dimensiones mezcladas (o a la copia de estas en las películas de Harry Potter).

McShea (2016) dice que esta complejidad aumenta solo en el sentido estructural, pero que esto no implica que los objetos así formados estén mejor adaptados o sean más sofisticados. Desde la selección natural así debería ser, puesto que son más lentos reproduciéndose y requieren más energía —de hecho, son prueba de que la selección natural no opera o se relaja mucho en su formación—. Además, no ser más sofisticados quiere decir no ser internamente más complejos: un termitero no tiene por qué ser más complejo que una hormiga (por ejemplo, el número de funciones internas o de células diferenciadas dentro de la hormiga puede ser mayor y más complejo que el número de funciones o de "castas" en un hormiguero). Esto es correcto pero, a su vez, si se ha producido el salto, este permite un aumento de la complejidad neta, porque la complejidad de cada nivel está capada por límites que solo pueden superarse cuando se da el salto de nivel jerárquico (algo que no parece ver McShea). De modo que las procariotas presentan una limitación en cuanto a la complejidad que pueden alcanzar que se supera precisamente cuando las mitocondrias se incorporan y forman la eucariota (Lane, 2010).

Las eucariotas tienen a su vez un límite de complejidad que se supera precisamente cuando se forman organismos multicelulares: aunque las primeras solo tuvieran unos pocos tipos celulares distintos frente a la mayor diversidad de orgánulos de una célula, al adquirir más de 100 tipos celulares distintos, los animales como los mamíferos o las aves adquieren también grandes posibilidades de complejidad, pues no hay tantos tipos de orgánulos distintos en una eucariota y el tamaño espacio-temporal se amplía además, lo que también permite más complejidad (diversificar funciones). A la inversa, una procariota tiene más orgánulos que simbiontes tuvieron las primeras eucariotas, etc. En el caso de los insectos eusociales, solo están comenzando su exploración del espacio de fases asociado a la división de trabajo y la especialización de su nivel, y ya vemos qué estructuras complejas pueden crear, a las que llamamos colmenas, termiteros y hormigueros.

El cuadro se complica aún más cuando visualizamos que los niveles jerárquicos se entremezclan. Por ejemplo, una célula eucariota tiene orgánulos propios de cualquier procariota más simbiontes reconvertidos a orgánulos que, en conjunto, la hacen eucariota, pero que juegan funciones similares; un termitero de *Macrotermes* no solo tiene castas de termitas, sino hongos externos y prototistas internos a la termita, etc. Estamos normalmente ante una mezcla de niveles jerárquicos que terminan generando el superorganismo. A su vez, las ciudades de termitas o de hormigas son los primeros ensayos de colectividades de superorganismos que, con el tiempo, podemos prever que se especializarán (un conjunto de ciudades hace ciertas labores en coordinación con otras[43]) y se coordinarán para formar un super-superorganismo[44].

43. Me pregunto si la hormiga argentina (*Linepithema humile*) que parece formar una macrocolonia gigantesca de colonias ha empezado a distribuir funciones diversas a distintos hormigueros... Sería una predicción/investigación excitante.

44. Lo que podría ocurrir en unos 250 millones de años tras la aparición de los primeros insectos eusociales si mi hipótesis de crecimiento exponencial de los niveles jerárquicos fuese correcta (ver capítulo 3, sobre la complejidad). A su vez, pueden emerger niveles con cualidades distintas, por ejemplo, la autoconciencia de algunos mamíferos y aves, que termina siendo un salto de nivel que escapa ya a la biología (la psicología sería una emergencia de la biología, al igual que la biología es una emergencia de la química):

Por último, si vemos a Gaia como un organismo entonces lo que está evolucionando son las capacidades internas de Gaia. Gaia se hace más compleja porque dentro de sí no solo aumentan sus funciones, sino que aumenta también la complejidad jerárquica de sus partes. Aunque Gaia nos "domestica", a la vez necesita diversidad de funciones y diversidad de niveles jerárquicos.

A estos niveles mayores que nosotros nos resulta muy difícil llegar racionalmente —aunque quizás es más fácil emocional e intuitivamente—, de ahí que nos cueste imaginar a Gaia como organismo y que sea pura especulación pensar sobre sus capacidades intelectivas o musicales (desde nuestro nivel, es muy difícil imaginar propiedades emergentes de Gaia más allá de las orgánico-biológicas; podemos especular con la música o la autoconciencia o el amor, pero emergencias que surjan de la sensibilidad de las plantas y que no poseemos nosotros, por ejemplo, relacionadas con la gravedad y las mareas, ¿cómo imaginarlas para hacer observaciones?; sabemos algo de musicalidad, pero ¿qué sabemos de "marealidad"?). En todo caso, cuanto más abajo en la cadena de jerarquías, la subestructura está más "domesticada" (Margulis y Sagan[45]),

física-biología-psicología, o física-biología-música, en cada escala interna de la realidad emergen propiedades complejas, hay jerarquías anidadas en otras jerarquías (así, la biología tiene una evolución de jerarquías, pero el universo tiene evolución jerárquica dentro de cada jerarquía).

45. Hablan de la domesticación del hongo simbionte del termitero por las termitas; literalmente, domesticado es "llevado a casa" (pero la casa es el termitero, es decir, la casa no es un entorno u objeto material sin más, sino el organismo).

más "maquinizada" (McShea[46]), más "desdarwinizada" (Szathmary[47]), más "despoietizada" (Margulis[48]) o va perdiendo su capacidad de adaptación (Michod[49]).

Pero si entendemos a los organismos como comunidades ecológicas simbióticas (ver cuadro 2), dentro a su vez de ecosistemas maduros, entendidos estos como superestructuras orgánicas al estilo del termitero, entonces la "domesticación", la pérdida del concepto de aptitud y la transferencia de telos, de objetivos, implicarían que la selección natural es en realidad un control de la estructura (el ecosistema) sobre sus funciones (los organismos).

A la escala de Gaia, esta nos integraría y tendería a obligarnos a realizar funciones para ella; la selección natural dejaría de tener el sentido clásico del término para pasar a ser selección de Gaia o selección gaiana. En su evolución,

46. Pérdida de autonomía de las partes es lo que McShea denomina "maquinización" —yo prefiero llamarlo *pérdida de telos autónomo por transferencia de telos*— (telos: propósitos y fines). También constitución de un "destino y objetivo común". La idea es interesante, porque, efectivamente, una máquina no tiene telos propio, aunque sí tiene un telos ajeno, pero del organismo vivo sí emergería un telos propio una vez "detraído" de sus suborganismos.

47. Se refiere a que la selección natural actuará en todo caso sobre las estructuras mayores, el termitero en este ejemplo, y no sobre las termitas, y menos sobre las células que las componen o los orgánulos celulares de sus células. La selección natural actúa sobre el todo/individuo que se reproduce diferencialmente. Es el éxito adaptativo del termitero lo que contaría.

48. Margulis (1990) no emplea este término, pero señala que las porciones del sistema mayor van perdiendo propiedades autopoiéticas (ver Anexo V).

49. El ejemplo que usa es el de la carencia de *fitness* de las células somáticas de los organismos multicelulares.

Gaia sería el selector de sus organismos (Margulis). Gaia como organismo implicaría más bien que coordinaría sus funciones y el término "selección" dejaría de ser científico y se convertiría solo en una metáfora aplicable a escala "micro" de subfunciones. Será, pues, el grado de transferencia de telos, de destino y objetivos comunes de los organismos hacia Gaia lo que determinará la "organicidad" de Gaia, y la hipótesis, además de encajar con la teoría termodinámica moderna, se convierte así en científica: predictiva y testable.

Recuadro 2
Organismos como ecosistemas, ecosistemas como organismos

El estudio del bioma humano (bacterionoma y viroma principalmente, aunque hay eucariotas también) tiende a trabajar el cuerpo humano como una comunidad o ecosistema. Esto implica que, salvo cuestiones cuantitativas que habría que demostrar, nada debería impedir que un ecosistema se pueda ver como un organismo, lo que nos devuelve al origen de los primeros ecólogos que visualizaron así los ecosistemas (Clements, 1936). De nuevo, las categorías humanas son diluidas por Gaia, empeñada en no respetarlas. Las fronteras no definen la realidad, solo nos sirven a nosotros para poder emplear nuestra metodología reduccionista. En el ejemplo del ecosistema humano, si cada vez que hacemos deposiciones perdemos un tercio de las bacterias que viven funcionalmente en nosotros (Sender, 2016) pero estas siguen haciendo también sus funciones en el ecosistema mayor que contiene también al "humano", ¿dónde acaba el ecosistema humano y empieza el ecosistema del que forma parte?

Desde un bacteriocentrismo (como diría Lynn): puesto que la concentración de bacterias de nuestras deposiciones es muchos órdenes de magnitud mayor que la de nuestra comida, seríamos unos concentradores de bacterias, fábricas de bacterias. Con una calculadora en la mano, y basándonos en los datos que proporciona Sender, cada año o cada dos años, expulsaríamos al ecosistema y generaríamos nuestro peso en bacterias. A lo largo de nuestra vida habremos cambiado nuestras células varias veces, muchas veces nuestros átomos, y habremos alimentado/construido decenas de veces nuestro tamaño en forma de bacterias. De esta forma puede verse de forma ecológica y dinámica la interacción humano-bacteria- ecosistema.

En las plantas nos encontramos más de lo mismo: Philippe Vandenkoornhuyse, por ejemplo, remarca la importancia del microbioma de las plantas, a las que caracteriza ya como "holobiontes"/ecosistemas. Escribe en el mismo sumario de su artículo: "Las plantas ya no pueden ser consideradas como entidades individuales, y se necesita, pues, una percepción más holística. De hecho, las plantas poseen una gran diversidad de microorganismos tanto dentro como fuera de sus tejidos, en la endosfera y la ectosfera, respectivamente. Estos microorganismos, la mayoría de los cuales pertenecen a las bacterias y hongos, están envueltos en funciones importantes tales como la nutrición y la resistencia biótica y abiótica de la planta a las distintas formas de estrés" (Vandenkoornhuyse 2015). Una vez más, a los biólogos les sigue sorprendiendo la gran diversidad de hongos simbiontes que están encontrando, y remarcan que es el holobionte el que se selecciona (es decir, el holobionte es el individuo (Guerrero et al. 2013)). Por otro lado, las conexiones de ese holobionte son globales: Vandenkoornhuyse dice que, a escala mundial, las plantas producen como "residuo metabólico" unos 10^{14} gr/año de metanol, citan a su vez a Galbally y Kirstine (2002) sin ser conscientes aparentemente de que Dorokhov (2012) indica que el metanol puede ejercer un papel de señal en las interacciones planta-planta y planta-animal, y que incluso puede tener un papel fisiológico en animales (varias funciones gaianas).

Capítulo 3.
Complejidad y tempo de la evolución en Gaia

Las teorías cosmológicas nos hablan de que nuestro universo, con el propio espacio-tiempo, emergió de una singularidad. 250 millones de años después de su nacimiento, la sopa informe de energía y materia se condensó para formar las primeras estructuras reconocibles: las estrellas (Hashimoto, 2018). Estas primeras estrellas estaban formadas por átomos de hidrógeno y de helio. De entre ellas, las más masivas explotaron relativamente pronto y formaron, otros 250 millones de años más tarde, átomos más grandes, como el de oxígeno. Desde entonces, el universo evoluciona o algunas de sus partes se van transformando en formas y procesos cada vez más complejos.

Hemos visto que el universo surge con algunos principios bajo el brazo: la energía se conserva y tiende a dispersarse o a repartirse, quizás de la forma más rápida posible a escala local. Hemos visto que durante ese reparto energético pueden formarse estructuras más o menos complejas, que almacenan energía pero que permiten que el total de esta se reparta o se disperse más rápidamente. Esta observación vale tanto para la física como para la biología, pero en la biología se da un paso más allá porque su complejidad funcional y estructural es tan elevada que parece proactiva en el cumplimiento de esos principios.

La historia de la vida en nuestro planeta es una historia de evolución, de transformaciones y de saltos en complejidad.

Hace más de 3 500 millones de años, quizás más de 4 000 millones, en la Tierra existían ya comunidades bacterianas, y aunque seguimos con ellas, parte de esas bacterias se transformaron en organismos unicelulares complejos cuando consiguieron, a través de la simbiosis, juntarse para siempre y formar células con núcleo (eucariotas). Estas células simbióticas siguen aún con nosotros, pero algunas de ellas consiguieron, de nuevo mediante simbiosis, cooperar y coordinarse en tan alto grado que se transformaron en organismos pluricelulares. Algunos organismos han conseguido, también mediante simbiosis múltiples, cooperar y coordinarse hasta el punto de formar sociedades muy complejas; en el caso de los insectos sociales (eusociales) como las termitas, las hormigas, las avispas y las abejas hablamos de termiteros, hormigueros y colmenas con características similares a las de un individuo: un organismo de organismos y sus estructuras materiales.

A su vez, la vida ha aprendido muchas rutas metabólicas, de las cuales destacan dos: el invento temprano de la captación de energía solar directa mediante la fotosíntesis, que produce oxígeno, y la respiración del oxígeno, que proporciona diez veces más energía que otras vías metabólicas, lo que permite a su vez organismos complejos[50]. La vida se ha complicado en cuanto a sus relaciones internas mediante la formación de ecosistemas, ha incrementado su diversidad (genética, funcional y estructural) y se ha expandido paso a paso en los océanos, en los suelos, en la atmósfera y en la litosfera.

50. No existen pluricelulares anaeróbicos, y las primeras células eucariotas emergieron como respiradoras de oxígeno al incorporar a las mitocondrias (Lane, 2010).

Tal es el éxito de la evolución a través de la simbiosis que organismos pluricelulares se han "inventado" de forma independiente en más de media docena de ocasiones en linajes diferentes a lo largo de su historia (Lane, 2010). El paso a la socialización, por ejemplo en insectos, en arácnidos o en mamíferos, se ha inventado también de forma independiente muchas veces, más de una docena de veces en el caso de los insectos[51]. El paso a las eucariotas parece que se dio una sola vez, pero la incorporación de las mitocondrias a la célula abrió enormemente el espacio a la exploración de la complejidad[52].

51. La "socialización" en plantas y hongos es aún mayor al tener "fronteras" menos definidas. Un ecosistema maduro puede verse también como una eusocialización y, en este sentido, una vez más, también como organismo de organismos.

52. La endosimbiosis de las mitocondrias viene acompañada de una reducción considerable de su material genético y de la "maquinaria" correspondiente, y a su vez, las funciones que hace la mitocondria en la célula permiten liberar espacio a la propia célula. Esa dependencia mutua o transferencia de funciones es lo que permite un ahorro energético, tan grande que el espacio posible de crecimiento del ADN y su información aumenta varios órdenes de magnitud (Lane, 2010). El salto de complejidad de las células eucariotas se produce precisamente cuando los otrora individuos distintos terminan coordinándose tanto que dependen completamente del otro hasta que su individualidad prácticamente desaparece; las mitocondrias son, como ya hemos señalado en el capítulo anterior, "domesticadas" o, en terminología de McShea (2016) y Ellers (2012), "maquinizadas".

Si habláramos en terminología de telos o funciones, es la transferencia de telos hacia la entidad jerárquicamente superior (la célula eucariota) por sus partes (antiguas procariotas) lo que permite dar el salto evolutivo y vencer las barreras biofísicas al crecimiento de la complejidad. Así, aunque las procariotas han explorado una a una todas las características propias de las eucariotas, tienen una barrera hacia la complejidad impuesta por factores bioenergéticos. Lane concluye diciendo que no es la selección natural actuando en mutaciones acumuladas gradualmente entre individuos procariotas aislados la que explica el salto o la transición hacia la complejidad de la vida, sino la endosimbiosis de la mitocondria.

Cuando hongos y plantas se expanden desde el mar a los continentes, cuando la vida bacteriana se expande a profundidades geológicas o a la atmósfera, etc., las posibilidades de interacción directa e indirecta entre esos medios no pueden sino aumentar. Al subir a las montañas la vida aumenta la lixiviación de las rocas, lo que lleva nutrientes a los océanos, y el salmón que remonta el río tiende a cerrar un ciclo que es relativamente reciente en términos geológicos. Al hundir sus raíces decenas de metros, los árboles se llevan consigo microorganismos y hongos e incrementan las posibilidades de acceso a materiales en órdenes de magnitud respecto a lo que hasta entonces podían hacer los microorganismos solos[53]; de nuevo, un aumento de las posibilidades reciente en comparación con la historia de la vida en la Tierra.

A escala más amplia, el aumento de diversidad y complejidad de los organismos permite un aumento de diversidad y complejidad de los ecosistemas y de las funciones de estos: aumentan las tasas de reciclado de materiales, la transpiración de agua, la captación de energía y su dispersión, etc. Todos estos parámetros "gaianos" aumentan con el tiempo. Gaia se hace más compleja con su diversidad interna a través del tiempo.

53. Así, aunque admitamos que desde los suborganismos la biosfera es bacteriocéntrica, pues son ellas las que tienen la diversidad de metabolismos y son ellas los "catalistas de los ciclos biogeoquímicos" (Guerrero y Berlanga 2006, cualquier libro de Margulis), los microorganismos serían asistidos por las plantas, los hongos y los animales "superiores", lo que mejoraría las funciones y capacidades de Gaia. O también podemos ser "plantocéntricos" ("arborifílicos"), como se argumentará más adelante (ver Anexo IV). Gaia nos permite, pues, ser multicéntricos, lo que es mucho más interesante y rico que el histórico zoocentrismo (ver Anexo IV y Margulis 1990).

La aparición, también reciente, de la inteligencia autoconsciente —como mínimo, la humana— supone también un salto cualitativo en la complejidad de algunos de los elementos. En este caso hablaríamos de algo más que biología: la psicología emerge desde la biología como esta emergió de la física-química.

¿Existe, pues, una tendencia hacia el aumento de la complejidad? La respuesta es obvia: sí. La clave de la cuestión es por qué existe esa tendencia. ¿Cuál es la explicación, "el mecanismo", de esa tendencia? Para la teoría que defendemos en estas páginas, las leyes de la entropía permiten una estabilidad dinámica de lo complejo. Dijimos que es una propiedad necesaria pero no suficiente.

Lo que afirmamos es que, además, requerimos de otra propiedad derivada de las características particulares de Gaia y sus vivientes, de la propia vida. Los organismos no son sujetos pasivos ante las fuerzas externas del medio ambiente, sino proactivos. Ante un problema, un organismo tenderá a transformarse para que él y/o su descendencia tengan oportunidades de resolverlo.

La capacidad de transformación y de evolución será, de alguna manera, proporcional a la propia complejidad del sistema u organismo implicado. Esperamos que los organismos más complejos hayan habilitado mecanismos más complejos capaces de adaptar su entorno —transformar el problema— o de adaptarse él al nuevo entorno —transformarse a sí mismos—. Aunque la del organismo común no es la escala adecuada; la escala adecuada es la planetaria o de Gaia: la Teoría Gaia Orgánica acepta en principio una visión neolamarckista bajo el control gaiano[54]. Los genes serían

54. Véase el trinomio de Prigogine del capítulo 2 aplicado a la evolución desde la genética.

modificados no solo aleatoriamente, sino con un propósito que serviría al organismo o, mejor, a Gaia.

En este proceso de transformación habría, pues, una tendencia natural hacia la complejidad que matemáticamente respondería, al menos en sus etapas iniciales, a una función exponencial. Si definimos la complejidad de un viviente por la característica C, hemos dicho que esta característica tenderá a variar con el tiempo en proporción a la propia complejidad. Esta frase es la que, traducida al lenguaje de las matemáticas, lleva a la función exponencial.

Sin embargo, aunque este comportamiento se observa comúnmente en la naturaleza, con el suficiente paso del tiempo siempre aparecerá un factor limitante del crecimiento exponencial de la variable implicada, lo que finalmente da lugar a una función matemática llamada sigmoidal (o logística). La figura A.7 del Anexo I de Daisyworld refleja muy bien lo que decimos. Si nos fijamos en el crecimiento de las margaritas, al principio es aparentemente lento, para luego "explotar" y más adelante estabilizarse. Una dinámica parecida aplicaría al crecimiento predicho por nuestra teoría para la evolución de la complejidad de los organismos vivos.

Estableceríamos, pues, dos hipótesis:

- Estabilidad de la complejidad por las leyes de la termodinámica.
- Búsqueda activa de la "superación" de los límites por simbiosis.

A partir de ellas, nos damos cuenta de que los organismos pueden superar el estancamiento en la complejidad debido a la existencia de factores limitantes, siempre que cambien "la vara de medida de la complejidad". Por ejemplo, podríamos tratar de medir de forma sencilla y aproximada la evolución de un organismo pluricelular y su "complejidad" a partir del recuento del número de tipos celulares distintos que lo forman —células neuronales, epiteliales, sexuales, musculares...—. Así, definiríamos C como el número de tipos celulares del organismo. Y predeciríamos que el número de tipos celulares de los organismos más complejos en cada momento ha seguido o seguirá un comportamiento sigmoidal a lo largo de la historia de la vida sobre la Tierra[55]: un crecimiento exponencial al principio, para llegar finalmente a una aproximación a un límite.

Nuestra teoría abriría aquí la posibilidad de explorar si la realidad ha seguido o no esta predicción, a la vez que nos

55. Hablamos del espacio de exploración de lo complejo que se abre de forma sigmoidal, es decir, es el abanico el que se abre, lo que no implica que desaparezcan organismos menos complejos cuando aparecen otros, ni que en ocasiones no haya reversiones a formas menos complejas. Es el máximo de complejidad lo que crece de forma sostenida.

Ha sido un error por parte de muchos teóricos evolucionistas despreciar esta obvia tendencia con base en que existen reversiones y en que siguen existiendo muchos virus y bacterias. Sería como argumentar que las células de los animales no han tendido a hacerse más complejas respecto a una bacteria o a la primera célula eucariota, a pesar de la observación de una célula neuronal o muscular o hepática, porque las "células" más abundantes en el cuerpo humano son los glóbulos rojos, tan simples que carecen de núcleo y a los que yo no calificaría, pues, de células, a pesar de que deriven de estas. Quizás porque en inglés se los denomina *red cells*, los autores suelen contabilizarlos como células cuando hacen recuentos (Sender, 2016), mientras que los castellanoparlantes hablamos de "glóbulos", con lo que tenemos otro tipo de sesgo a la hora de no clasificarlos como células.

preguntaríamos cuáles son las restricciones físicas, químicas o fisiológicas que limitarían el crecimiento de C.

Pero, por otro lado, aunque el número de tipos celulares tenga un máximo, la complejidad de la vida no tiene por qué estancarse: los vivientes son capaces de superar la restricción mediante el aumento del nivel jerárquico. Es decir que, en vez de buscar nuevas simbiosis entre tipos celulares distintos, se buscarían simbiosis entre los organismos pluricelulares ya constituidos; por ejemplo, si el organismo es una termita, organizándose para formar un organismo "superior" que sería el nido de termitas o termitero. Así, la nueva variable que mediría la complejidad ya no sería el número de tipos celulares distintos en la termita, sino quizás el número de castas de termitas o de organismos implicados en la formación del termitero. Es decir, hablaríamos de la diferenciación interna dentro del último nivel jerárquico. Si nos fijamos, la diversidad —ya sea de tipos de orgánulos celulares, de células o de tipos de organismos— sería una primera propuesta de medida de complejidad. Pero lo importante es que la termita supera su límite de complejidad transformándose en termitero.

Y como el superorganismo así compuesto es más complejo, entonces la evolución —a saltos— en Gaia y en el universo seguiría una función exponencial sin límites; al menos, sin límites apreciables hasta que el sistema bajo estudio sea tan grande como el planeta o el universo mismo, según de quién hablemos.

Frente a estas ideas, ¿qué propone el neodarwinismo para explicar el porqué de la tendencia a la complejidad?

La verdad es que el tema es anterior a Darwin, y aunque en general se ha tratado de huir de él[56], a lo largo de la historia sí ha habido discusiones sobre cómo o por qué observamos organismos cada vez más complejos. El propio Lamarck hablaba de la tendencia progresiva de la vida, y el sociólogo Herbert Spencer (1820-1903) habló de una "ley universal de la evolución consistente en un incremento de complejidad basado en la energía" (Schneider y Sagan, pág. 238). Sin embargo, y desde entonces, son raras las explicaciones concretas que tratan de matematizar la cuestión para poder hacer predicciones y tratar de discriminar entre teorías, al menos a escala macroevolutiva global.

Para Alfred Lotka (1880-1949) (según Schneider y Sagan, pág. 295), "la selección natural obra para incrementar la biomasa en forma de tasas de circulación de materiales. La captación, acumulación y degradación de la energía disponible no es como un borracho dando tumbos por la acera; la selección natural tiende a incrementar el flujo de energía a través del sistema. Los seres vivos se esfuerzan (no empleamos este verbo a la ligera) en aprehender, almacenar y degradar gradientes. Tanto en ecología como en evolución se manifiestan tendencias: incremento del número de especies, redes cada vez más complejas, diferenciación creciente, incremento de la integración funcional de los flujos

56. Corning (2015) dice que han sido más bien no darwinistas los más interesados en la complejidad, Michod (2006) que ha habido una falta de interés en la cooperación y la complejidad. Schneider y Sagan (pág. 17): "El incremento evolutivo de la complejidad de la vida tiende a ser arrinconado por la teoría ortodoxa por no tener cabida en ella, pero adquiere su sentido cuando se considera a la vida como otros sistemas naturales de flujo de energía...".

termodinámicos, incremento de la capacidad de los organismos para ajustarse a gradientes menguantes y cambiantes y capacidad disipativa creciente".

En efecto, Stephen J. Gould propone, en cambio, una analogía visual para enfrentar el problema: *el andar de un borracho*. Por parte de evolucionistas, no hay ninguna otra idea fácilmente matematizable y tan popularizada como la de este autor. El andar del borracho se basa en un mecanismo totalmente pasivo que en realidad niega que la selección natural genere una tendencia progresiva, es decir, que si aumenta la complejidad no es por un mecanismo biológico producido por la selección natural darwiniana, sino por un mecanismo físico pasivo.

Imagine el lector que un borracho está apoyado en la pared de una calle y que decide ponerse a andar. Dado su estado, lo veremos caminar errática, aleatoriamente. Supongamos que la separación de la pared en la que inicialmente se apoya es una medida de la complejidad de las especies en su evolución. La pared supone una complejidad mínima (la bacteria más simple; ver figuras 3.1 y 3.2). Para Gould es obvio que, en un momento dado, el borracho estará en algún punto entre la pared y la calle; es lógico que encontremos una "tendencia" hacia la complejidad porque esta es la única vía libre.

Lo importante para Gould es que la complejidad que observamos es fruto de la aleatoriedad. Otros autores comentaron que si hablamos de un borracho concreto —una línea evolutiva concreta—, tendríamos además un límite en la complejidad que representaríamos por la pared del otro lado de la calle.

FIGURA 3.1. Un grupo de borrachos se encuentran inicialmente apoyados en una pared (complejidad mínima). Algunos de ellos se ponen a andar siguiendo las trayectorias de las flechas. Al cabo de un minuto, habrá un borracho (flecha discontinua) más alejado de la pared que los demás. Medimos la distancia a la pared de ese borracho.

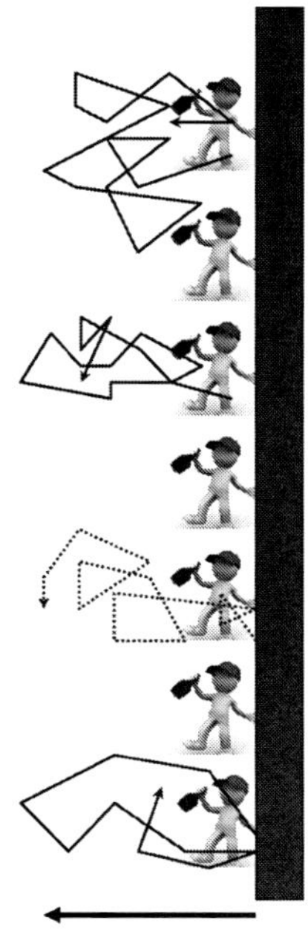

FIGURA 3.2. El grupo de borrachos sigue andando, y un minuto después observamos unas nuevas trayectorias. En el segundo minuto, habrá un borracho (flecha discontinua) más alejado de la pared que los demás. Medimos la distancia a la pared de este borracho. La complejidad ha vuelto a aumentar, pero menos que en el primer minuto.

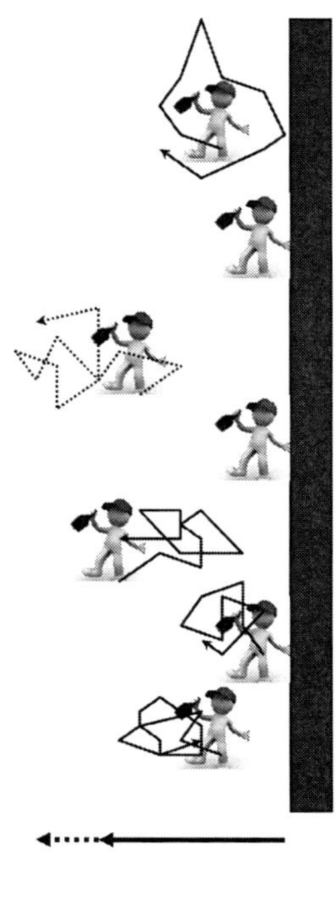

En realidad, para que podamos pasar la analogía al lenguaje matemático, deberíamos contemplar el comportamiento de muchos borrachos, todos comenzando en una pared.

Imaginemos, pues, que cada minuto hacemos una foto aérea de la calle y medimos la distancia a la pared de los borrachos, pero nos fijaremos especialmente en el borracho más alejado de la pared y anotaremos su distancia, su complejidad. Si el movimiento de cada borracho es errático, ¿podemos predecir la distancia del borracho más complejo? Estadísticamente, sí. En realidad, este comportamiento se conoce como "camino aleatorio" o *proceso difusivo*, y la ecuación que describe la distancia del borracho más alejado en función del tiempo es la raíz cuadrada del tiempo. Es decir, la complejidad sería proporcional a la raíz cuadrada del tiempo; siempre en aumento continuo. Pero al ser la raíz cuadrada más lenta que el propio tiempo, veríamos un avance más lento que una línea recta. Si tenemos en cuenta que puede existir la otra pared (el factor limitante), entonces el comportamiento final sería aún más lento que la raíz.[57]

Por tanto, este modelo sencillo predice un comportamiento diferente a nuestra teoría.

57. La complejidad tiene costes, por ejemplo genéticos: cuanto más complejo es un organismo, más proteínas y cadena de ADN tenderá a tener, con lo que las mutaciones genéticas dañinas tenderán a aumentar de probabilidad (basta un mal funcionamiento de una sola proteína para que un organismo quizás ya no sea viable). Por tanto los organismos complejos deben habilitar mecanismos complejos de reparación genética (y celular). Las supuestas ventajas competitivas de la complejidad se han conjeturado, pero nunca se han demostrado claramente.

En realidad, las cosas son más complejas. Por ejemplo, quizás los borrachos más alejados de la pared inicial tiendan a sobrevivir mejor que los menos complejos, con lo que la evolución hacia la otra pared iría algo más rápida. Pero Gould argumentaba que no era así, que vivíamos en un mundo de bacterias y que no había forma con mayor éxito de supervivencia que éstas.

Por otro lado, la analogía de Gould olvida un detalle muy importante, y es que los borrachos más cercanos a la pared inicial se moverían mucho más rápidamente que los más complejos. Es decir, en un mismo tiempo, un borracho "bacteriano" de la pared da quizás 100 pasos aleatorios, mientras que un borracho complejo da solo uno. Esto es así porque los "ensayos" evolutivos, los cambios aleatorios genéticos, los pasos de los borrachos, se producen en función del tiempo de reproducción de los borrachos. El borracho-bacteria se divide en dos cada media hora, mientras que el borracho-mamífero lo hace cada semanas o años. Cuanto más complejo es un organismo menos "pasos" da en un mismo tiempo. Por tanto, es como si los borrachos sufrieran una resistencia a moverse en proporción a la distancia a la pared; en definitiva, como si la calle fuese cuesta arriba. En este caso, este factor tiende a ralentizar aún más el proceso de complejidad de Gould. La transformación de las especies debería ser cada vez más lenta conforme se hagan más complejas en el tiempo. Una predicción, finalmente, muy diferente a la de la Teoría Gaia Orgánica.[58]

58. Las fluctuaciones del entorno que dan lugar a mutaciones son las generadoras de los cambios (Maynard-Smith [1995] dice que la evolución se acelera con las fluctuaciones), pero la realidad es que, a escala geológica,

¿Se puede tratar de comprobar? ¿Qué dice, por ejemplo, la paleontología en cuanto a la evolución de los tipos celulares de los organismos? Si miramos la evolución de la pluricelularidad en animales en los últimos 600 millones de años, la predicción de la complejidad como proceso difusivo del neodarwinismo no está nada mal. Se pasa de los cnidaria, con 15 tipos celulares hace 600 millones de años, a los 150 tipos de los amphibia hace 300 millones, para luego solo avanzar hasta los 200 tipos celulares que disfrutamos actualmente los homínidos (ver figura 3.3; datos de Valentine, 1994). Vemos una evolución rápida al principio para pasar luego a un estancamiento.

Sin embargo, si en vez de contemplar los últimos 600 millones de años contemplamos todo el proceso evolutivo y comenzamos con las bacterias con un solo tipo (hace 3.800 millones de años) o incluso con la primera célula eucariota como simbiosis de 4 o 5 tipos de bacterias distintas —una especie de pluricelular que se fusionó completamente en uno—, hace más de 1.500 millones de años, entonces lo que vemos se parece bastante a la predicción de la Teoría Gaia Orgánica: un comienzo lento para explotar (en el caso de los animales, hace 600 millones de años) y luego encontrarse con los límites en el entorno de los 200 tipos celulares (figura 3.4).

las fluctuaciones generadoras de mutaciones han disminuido mucho por varias razones: el Sol generó muchos más rayos cósmicos en sus fases iniciales, el ciclo día-noche y la rotación de la Luna (las mareas) se ralentizan, la radiactividad de la Tierra baja exponencialmente. Si consideramos que la capacidad de Gaia también es adaptar para ella el entorno (capa de ozono que disminuye la entrada de radiación de alta energía, por ejemplo), la teoría ortodoxa, por este lado, también prevé, pues, una ralentización de la evolución con el tiempo. Justo lo contrario de lo que observamos.

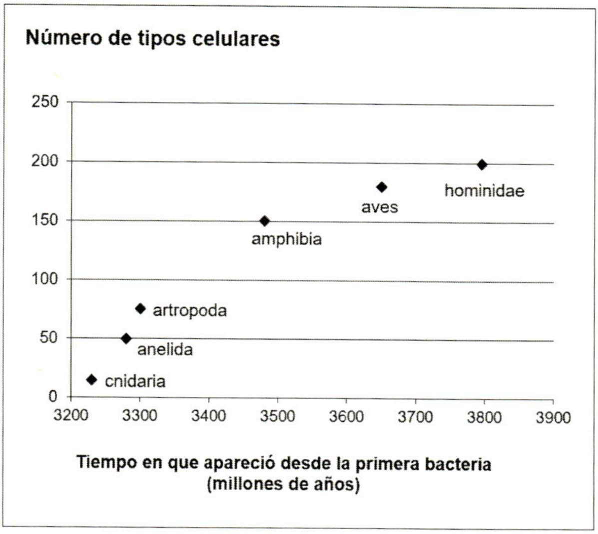

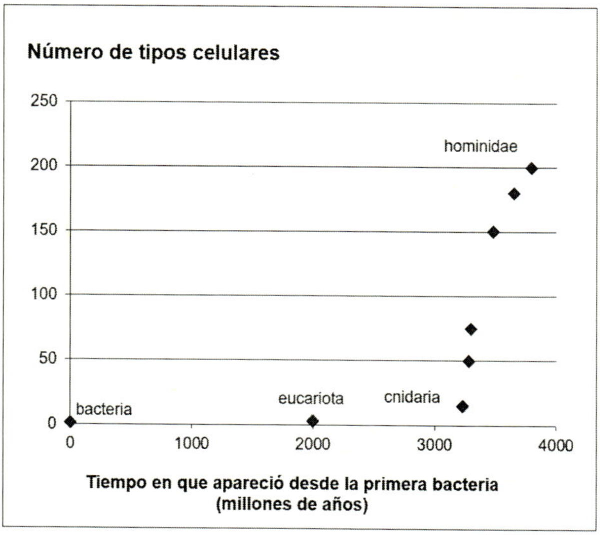

FIGURAS 3.3 y 3.4. Aparición de tipos celulares en las familias animales (figura 3.3) y a lo largo de toda la historia de la vida en la Tierra (figura 3.4). Elaboración propia a partir de Valentine (1994).

Podemos visualizar un segundo ejemplo de pauta evolutiva progresiva a partir de la evolución de la intensidad respiratoria de los animales (consumo de oxígeno por unidad de masa corporal). Según Zotin (1984, en pág. 313 de Schneider y Sagan), desde los celentéreos, aparecidos hace más de 500 millones de años, hasta la aparición de primates y aves paseriformes más recientemente, han ido dándose animales con cada vez mayor intensidad respiratoria, en una función que se correlaciona muy bien con una función exponencial y en la que aún no parecen haberse encontrado límites. Los insectos, de tremendo éxito evolutivo por su número y diversidad, estarían en la parte media de la gráfica, por lo que esta tendencia no implica desde la selección natural una obvia mejora competitiva[59]. En todo caso esta tendencia no encaja bien con la imagen del borracho de Gould, aunque no parece haber una relación directa obvia con la complejidad.

Podríamos escoger otro ejemplo distinto para "medir" la complejidad. Una propuesta diferente sería el número de bases esenciales del ADN para construir un organismo en función del tiempo en que apareció el organismo más complejo de cada momento. Es decir, cada minuto haríamos una foto de los borrachos en la calle y contaríamos la longitud de la cadena de ADN imprescindible para "construir" al borracho más alejado de la pared en esa foto. Las predicciones en

59. Respirar más intensamente acelera el metabolismo, lo que nos permite ser más complejos y hacer más cosas, pero, a la vez, se requiere procesar más energía y la muerte por inanición puede estar más próxima. Un caso destacable es el de los colibríes quienes, dados su pequeño tamaño y su elevada tasa respiratoria y metabólica, parecen encontrarse en un límite siempre cercano al hambre que resuelven en parte cayendo en una especie de estado de hibernación cada noche durante el sueño.

este caso son las mismas: para Gould esta cadena de ADN debería crecer, pero cada vez más lentamente; para nosotros, el crecimiento sería finalmente sigmoidal y, salvo que estemos cerca ya de algún tipo de límite, exponencial.

El problema aquí está en que los biólogos y los genetistas no se ponen de acuerdo en qué es esencial dentro de un ADN; obviamente, la parte que codifica proteínas lo es, pero hay otras partes "útiles" que al principio se calificaron como ADN basura (o incluso parásito), muchas de las cuales tienen funciones de regulación, incluso evolutivas (están ahí, quizás, para permitir la evolución). En el caso humano, por ejemplo, tenemos "solo" unos 20 000 genes que codifican proteínas, pero la maquinaria de transcripción y traducción de esa información a proteínas es bastante compleja (y regulada por otras secuencias de ADN no codificantes para proteínas), de tal forma que se estima que el número de proteínas distintas que finalmente se fabrican es de alrededor de medio millón (Pray, 2008). La complejidad, pues, no está directamente relacionada con el número de genes o la longitud del ADN sino que guarda una mejor relación con el número de proteínas distintas.

Lo que vamos a hacer es considerar grandes saltos evolutivos y el número de "genes" o instrucciones mínimas necesarias para construir el citado organismo, es decir, cuántos genes/proteínas necesitaron la primera bacteria, la primera eucariota, el primer pluricelular y un organismo altamente complejo como el ser humano o similar. La ventaja de atender a pocos puntos es que borramos mucho ruido y salvamos los problemas que conlleva medir la complejidad a través de la medida de genes o ADN "esencial".

El resultado apunta en una dirección: hace 4.000 millones de años, las primeras bacterias tendrían unos 200 equivalentes genéticos o proteínas o instrucciones para ser calificadas como organismos vivos (Gil, 2004). Las primeras eucariotas, surgidas hace unos 2.000 millones de años, necesitaron más de 2.000 secuencias de tamaño del "gen[60]"; los primeros pluricelulares complejos, que aparecieron hace quizás 1.000 millones de años, necesitarían ya cerca de unos 10.000 genes (o longitud de ADN equivalente esencial); y un mamífero o un ave recientes, a esta escala, quizás más de 20.000 equivalentes genéticos (Castro, 2008). Estos cuatro puntos encajan bien con una función exponencial, y claramente se alejan muchísimo de las predicciones del neodarwinismo.

Es interesante señalar, además, que no observamos una aproximación a los límites para este tipo de medida de la complejidad a través de la longitud del ADN "útil"; es decir que, aunque sin duda existe un tamaño máximo para esta longitud, es posible que aún estemos lejos de él[61]. Dicho de otro modo, la evolución traerá de la mano organismos mucho más complejos que los seres humanos, al menos en cuanto a la información que porta la cadena de ADN. Ni siquiera al nivel de los organismos corrientes es el ser humano la cúspide de lo que se verá dentro de Gaia, y si la aparición de la complejidad se acelera, podríamos esperar saltos cualitativos en tiempos geológicos cada vez menores.

60. https://en.wikipedia.org/wiki/List_of_sequenced_eukaryotic_genomes.

61. Ver Lane (2010) para comprobar cómo no hay aún restricciones energéticas y Castro (2008) para ver cómo no hay restricciones por "carga de mutaciones".

En todo caso, cuantificar la complejidad con la longitud de una cadena de ADN parece demasiado sencillo y, además, no resiste el nivel de detalle debido a la enorme dispersión en los tamaños del ADN, el número de genes que codifican para proteínas, etc. (son las conocidas paradojas de los valores G y C [Taft, 2007]).

Sin embargo, si tomamos como medida de la complejidad el número de "muñecas rusas" o cadenas jerárquicas o nuevas clases de individuos, podemos considerar como saltos los de jerarquía y no los genéticos, y situarlos de nuevo en función del tiempo en que aparecieron en la historia de la vida. Empezaríamos con las bacterias, seguiríamos con las eucariotas, luego con los organismos pluricelulares y, en vez de acabar cerca de nosotros, con los mamíferos o las aves, hablaríamos de organismos de organismos, es decir, de la aparición de los termiteros, los hormigueros y las colmenas complejas. Estos aparecieron hace unos 80-100 millones de años, y en el caso de las termitas el salto es irreversible: no existe ninguna especie de termita que no viva en una colonia, de igual manera que una eucariota ya no puede revertir a procariota, o un organismo complejo pluricelular no puede revertir a unicelular. Es decir, buscaríamos cuándo aparecen los primeros superindividuos de cada clase que han completado el proceso a una forma ya irreversible.

Estos saltos cualitativos pasan necesariamente por una serie de fases de cooperación (Corning, 2015; Michod, 2006). Siguiendo a Darwin, Piotr Kropotkin (1842-1921) observó una tendencia progresiva hacia la ayuda mutua que aumentaba con la propia complejidad de los organismos.

No fue hasta 1995 (Maynard-Smith, 1995) cuando teóricos evolucionistas de prestigio enfrentaron el problema del aumento de la complejidad desde el neodarwinismo reconociendo que lo más interesante en la historia de la evolución de la vida han sido los saltos o transiciones en complejidad.

Al revisar 20 años de desarrollo teórico, Szathmáry (2015) sigue centrándose en el avance del conocimiento de las transiciones evolutivas pero su única respuesta al porqué y el cómo del aumento de la complejidad sigue siendo el camino aleatorio (el borracho de Gould que hemos señalado[62]). Okhasa (2005) analiza esas transiciones evolutivas y señala tres fases características: la primera es una cooperación entre "partículas" (individuos, los llama Michod [2006]); la segunda es la emergencia de la colectividad; y en la tercera, la aptitud (que será puesta a prueba por la selección natural) se desacopla entre partículas y colectividad. Las partículas terminan "desdarwinizadas", es decir, la selección natural deja de aplicarse a su escala y es al colectivo al que se le aplicaría.

En un sentido parecido, Michod dice que la cooperación exporta aptitud del nivel más bajo al más alto. Además de cooperación intensa, las "partículas" se van especializando y generando así distintas funciones para la estructura mayor. Para Michod existirían solo cinco grandes saltos evolutivos, que precisamente tienen que ver con nuestra propuesta: de las redes genéticas cooperativas a la bacteria, de las bacterias a las eucariotas, de las eucariotas unicelulares a los organismos

62. Cita a: Fisher D. C. (1986) *Progress in Organismal Design. Patterns and Processes in the History of Life*, (eds.) Raup D. M., Jablonksi D. (Springer, Berlin), págs. 99-117, quien menciona precisamente estos procesos.

pluricelulares, de los organismos asexuados a los sexuales[63] y de los organismos solitarios a los organismos eusociales.

Sin embargo, estos autores siguen limitándose a describir en profundidad los procesos implicados, pero sin tratar de cuantificarlos. McShea (2016) sí avanza y sintetiza los trabajos anteriores en lo que denomina "síndrome" evolutivo, caracterizado por tres síntomas o procesos: el primero es el aumento de la complejidad por el incremento de la jerarquía (Lenton y Latour [2018] lo llaman heterarquía; Volk [2003], holarquía); el segundo es el aumento de la complejidad por el incremento de la diferenciación interna; y el tercero es la maquinización de las partes inferiores en la jerarquía (Ellers [2012] señala esta "maquinización" como algo general por la interacción ecológica). Por fin se sitúa el incremento del nivel jerárquico en la historia de la vida en

63. Curiosamente Szathmary (2015) elimina la sexualidad de las transiciones mayores, aunque añade la incorporación de los plástidos (que permiten la fotosíntesis en las plantas) y las sociedades con lenguaje natural. En realidad la transición de los plástidos forma parte de la cadena de incorporaciones endosimbióticas que dieron lugar a las células eucariotas; aunque importante, la verdadera novedad fue la aparición de las eucariotas, y no una complejificación dentro de esta novedad. Las sociedades con lenguaje natural que menciona también Szathmary suenan a pecado antropocéntrico. La novedad puede ser la aparición de la psique, que de hecho sería un salto ya no dentro de la biología, como hemos señalado.

Sin embargo, biológicamente las sociedades humanas están muy lejos de las emergencias que surgen de las verdaderas sociedades de insectos, en las que el individuo es "domesticado" o ha transferido su telos y la cooperación y la coordinación son tan intensas que hablamos de un individuo orgánico. Una ciudad humana, por compleja que sea, no funciona ni mucho menos como una colmena o un termitero (Castro, 2013). Por otro lado, aunque la sexualidad genera un individuo distinto a los progenitores y requiere la cooperación de dos individuos, no aparece un individuo cualitativamente distinto, como en el caso de los otros cuatro saltos señalados por Michod.

un gráfico temporal, en el que podemos observar que estos saltos no siguen un patrón difusivo o de camino aleatorio (aunque el autor no parece consciente de las implicaciones).

De nuevo, consecutivamente:

1. Aparición de las primeras bacterias en la Tierra (fósiles) hace unos 3 500 millones de años[64].

2. Aparición de las primeras eucariotas (fosilizadas) hace unos 1 500 millones de años[65].

3. Aparición de los primeros organismos pluricelulares complejos (no reversibles) hace unos 750 millones de años (fauna de Edicara[66]).

4. Aparición de los primeros superorganismos (organismos de organismos, no reversibles) hace al menos unos 100 millones de años (termiteros con castas[67]).

64. Fosilizadas 3 500 millones de años, quizás 4 000 millones de años o más.

65. Hallmann 2015. Otros apuntan más allá, incluso hasta los 2 700 millones de años, aunque el estudio citado los pone en duda.

66. Pennisi 2018. Aunque los ensayos de multicelularidad y formación de colonias de unicelulares comienzan con la propia vida, aquí hablamos de una multicelularidad compleja que separa las células sexuales de las somáticas y en la que estas están ya completamente "maquinizadas" y especializadas en distintas funciones. McShea (2016) la retrasa a la aparición de la fauna del Precámbrico, hace unos 600 millones de años.

67. Engel 2016. McShea sitúa hace 480 millones de años las primeras colonias de briozoos, aunque más parecería una transición no completa hacia organismos de organismos.

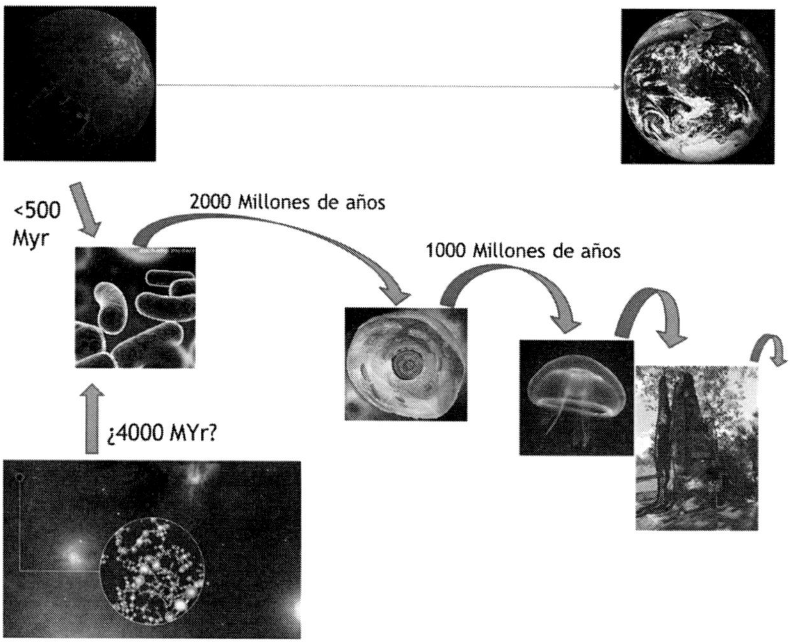

FIGURA 3.5. Unos 2 000 millones de años pudo tomar a las bacterias coordinarse para formar la primera eucariota; 1 000 millones de años después aparecen animales pluricelulares complejos como la medusa; otros 500 millones de años después emergen los termiteros y otros superorganismos. Si la vida emergió en la propia Tierra, dispuso de menos de 500 millones de años para crear la primera bacteria; sin embargo, si se formó fuera de la Tierra, el tiempo y el espacio disponibles se multiplican en muchos órdenes de magnitud, lo que hace menos "milagroso" ese gran salto. Por otro lado, podemos especular si habrá super-superorganismos dentro de 250 millones de años una vez que se extiendan las colonias eusociales.

Aunque en las fechas que hemos elegido la incertidumbre es elevada, es llamativa la sensación de que los saltos jerárquicos tienden a llevar cada vez menos tiempo, incluso de una forma exponencial (una transición lleva la mitad de tiempo que la transición anterior). Esto encajaría con nuestra predicción de la Teoría Gaia Orgánica y en ningún caso sería explicado por las teorías del camino aleatorio o del neodarwinismo clásico.

Por otro lado, los autores identifican uno o dos saltos jerárquicos anteriores a la formación de las primeras bacterias desde la sopa química, y aunque estos saltos serían prebiológicos o preorgánicos, estaríamos ante un caso difícil de explicar. Parece que el salto en complejidad desde la sopa química hasta la primera bacteria (con 200 genes-proteínas en un metabolismo perfectamente coordinado) no es menor que el salto de la bacteria a la eucariota; sin embargo, bajo la hipótesis de que las bacterias emergieron en la propia Tierra, el tiempo para ello es geológicamente muy corto.

Según lo que ha avanzado nuestro conocimiento creemos saber que hubo un intenso bombardeo de meteoritos sobre la Tierra hasta hace unos 3.800 millones de años, que prácticamente vaporizaría los océanos de forma periódica e impediría que la vida pudiera, si no sobrevivir sí, al menos, expandirse. Pero por otro lado las evidencias apuntan a que la vida estaba ya establecida antes de hace 3.500 millones de años, con observaciones indirectas de que pudo haber vida hace más de 3.800 millones de años. Además, los primeros fósiles de hace 3.500 millones de años ya son ecosistemas complejos diversos de bacterias y virus (estromatolitos; Margulis). Así pues, la presencia de vida es incluso anterior a las condiciones suficientemente estables para su formación.

Nuestra hipótesis aquí sugiere que la aparición de las primeras bacterias desde una sopa química requeriría más tiempo (al menos el doble) del que requirió la aparición de las eucariotas desde las bacterias (extrapolando la función exponencial hacia atrás). Esto significa que las primeras bacterias emergerían en el universo hace más de 7.000 millones de años, obviamente antes de la formación de la Tierra, y que, por tanto, y esto es una predicción de la Teoría Gaia Orgánica, la vida vino formada a la Tierra desde el espacio exterior, posiblemente durante el mismo bombardeo intenso mencionado. Es decir, la Teoría Gaia Orgánica apoyaría la hipótesis de la *panspermia* u origen extraterrestre de la vida (Steele, 2018).

El espacio de exploración de la complejidad no se encuentra limitado a la escala de lo que identificamos habitualmente como organismos: los ecosistemas se han tomado como organismos y suponen un salto jerárquico de complejidad en otro sentido; lo mismo ocurre con Gaia como ecosistema de ecosistemas de escala global. Si las primeras bacterias formaron enseguida complejos ecosistemas como los citados estromatolitos, la expansión y colonización de los océanos por parte de las bacterias genera también interacciones globales que siguen su propia vía de complejidad, la complejidad de Gaia.

Cuál es el grado de complejidad de Gaia, su individualidad y sus características orgánicas es lo que deberemos tratar de cuantificar y caracterizar, examinando por qué y cómo esta complejidad surge y realimenta los procesos biológicos sobre los "organismos".

Capítulo 4.
Teoría Gaia Orgánica

Mi hipótesis de la Gaia Orgánica postula que la biosfera es un organismo, a saber, una estructura orgánica formada por simbiosis coordinada de todos los vivientes. Para pasar la hipótesis a teoría necesitamos explicar cómo y por qué emerge la biosfera como organismo y convertir la teoría en verificable e, idealmente, en predictiva.

La hipótesis de la Gaia Orgánica abarca todas las propiedades homeostáticas y otras que señalamos de la hipótesis Gaia inicial de Lovelock y Margulis y da respuesta también a lo que vimos en los primeros capítulos a partir de estos autores. A diferencia de ellos, que renuncian al carácter orgánico y se orientan hacia una explicación cibernética, considero que es más coherente con la realidad observacional una hipótesis fuerte, de carácter orgánico, de Gaia. La única explicación de la renuncia de Margulis y Lovelock (más explícita en la primera que en el segundo) a una visión más fuerte de Gaia es probablemente el contexto histórico que les tocó vivir, de firme reduccionismo y mecanicismo en las ciencias biológicas. Margulis trata de dar una razón más allá de la simple negación, la cual repite en sus escritos, sola o con su hijo Dorion Sagan: los organismos no viven de sus desechos, y Gaia lo haría, de lo que se sigue que no es un organismo[68].

68. Llama la atención que Sagan renuncie incluso a citar a Gaia en su libro sobre la termodinámica de la vida (Schneider y Sagan) pese a su pertinencia

EL ORIGEN DE GAIA

Hasta aquí hemos argumentado que los hechos experimentales y la historia de la vida sobre la Tierra favorecen la explicación de un superorganismo al que, siguiendo a Lovelock, podemos llamar Gaia. Hemos establecido que el neodarwinismo no es una teoría suficiente para explicar Gaia, ni tampoco para otra serie de características como el aumento acelerado de la complejidad. Hemos establecido, en cambio, que la ley de la entropía y su ampliación en un hecho observado, que en sistemas complejos la entropía aumenta más rápidamente, es compatible con la estabilidad y la sostenibilidad de Gaia.

Pero ¿cómo surgió Gaia? ¿Cómo evoluciona? ¿Por qué se acelera la evolución?

Que cada salto evolutivo (de bacteria a eucariota, por ejemplo) sea estable y coherente con las leyes de la termodinámica no es suficiente para explicar cómo y por qué se producen esos saltos. Para ello vamos a recurrir a un concepto propio de la metodología de dinámica de sistemas y de la temática de la sostenibilidad ambiental de nuestra civilización: el principio de los límites del crecimiento[69].

Una particularidad que tienen los organismos vivos es su capacidad de reproducción: al replicarse, los organismos tienen el potencial de llenar el espacio que los contiene. Siempre que no se encuentre con límites de recursos energéticos y materiales, el potencial de un organismo es expandirse, crecer y/o multiplicarse.

en más de una ocasión. Odum también repite el argumento de que no vivimos de nuestros deshechos.

69. La serendipia ocurrió precisamente porque llevo tanto tiempo trabajando en la cuestión de los límites al crecimiento de nuestra civilización como con Gaia. "El eureka lo encontré" vino de aquí.

Aplicando una idea parecida basada en Malthus, Darwin supuso que los seres vivos se reproducían con una capacidad que superaba el límite que imponían los recursos. De esta forma solo sobrevivían unos pocos (los "mejores"). Si bien es cierto que el potencial reproductivo de los seres vivos es muy grande y que los seres vivos que aumentan su tamaño poblacional encontrarán límites físicos a su crecimiento, el comportamiento de la naturaleza es mucho más inteligente de lo que se ha supuesto tradicionalmente en las teorías evolutivas. Además, una vez establecida Gaia, será ella la que limite las poblaciones y el potencial reproductivo de las especies, de forma análoga a como nuestro cuerpo limita, por lo general, la población y reproducción de nuestras células.

Precisamente, Gaia surge como respuesta más adecuada (y estable) al problema de los límites al crecimiento de los seres vivos.

En la figura 4.1 vemos de forma simplificada la interacción de un organismo con su entorno desde el punto de vista de los flujos energéticos y materiales:

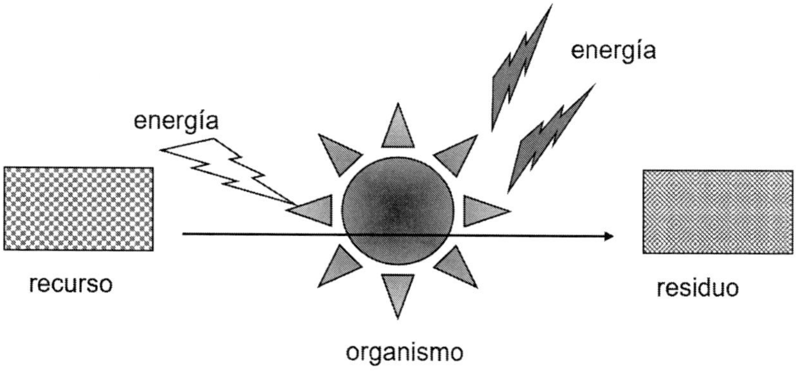

FIGURA 4.1. De forma esquemática, podemos representar la interacción de un organismo con su entorno como la entrada de energía y recursos materiales y la salida de esa misma energía (pero más dispersa) y de residuos.

El organismo utiliza energía y materia; si es un organismo heterótrofo, el propio recurso material le proporcionará la energía que necesita. Al dispersarse la energía, pero conservarse la cantidad de materia, el recurso material pierde capacidad de mantener un proceso subsiguiente, así que llamamos *residuo* a la materia con menor energía potencial (energía libre o exergía). Es el caso típico de los animales herbívoros o de los hongos, que, usando como recurso energético y material una planta, mantienen sus funciones y a ellos mismos y generan energía dispersa y residuos "degradados". Cuando Margulis apunta que Gaia no es un organismo porque un organismo no vive de sus residuos, está comparando a Gaia con un organismo heterótrofo: los residuos de uno mismo no pueden ser utilizados para automantenerse porque la fuente de energía, el gradiente energético, proviene de la energía potencial química almacenada en un recurso material, que se dispersa en parte durante el proceso.

Pero en el caso de los organismos autótrofos el recurso material se desacopla del recurso energético. La fotosíntesis, por ejemplo, permite utilizar la energía solar para autoconstruirse con materiales de baja energía potencial y muy dispersos como el agua, el dióxido de carbono y el nitrógeno[70] que provienen

70. El nitrógeno de la atmósfera está en forma de N_2 y no es fácilmente incorporable a la vida por ser una molécula muy estable —de bajísima energía potencial—: se necesita primero romper las moléculas de N_2, H_2O y CO_2 para construir hidrocarbonos y proteínas. Con la fotosíntesis como motor, el rizoma del árbol puede romper el N_2. Observemos que un árbol lo hace a temperatura ambiente y a presión atmosférica; en el caso de los procesos industriales humanos, la fabricación de fertilizantes a partir de la ruptura del N_2 se lleva a cabo con muy baja eficiencia, a altas temperaturas y presiones; nuestra tecnología, pues, es comparativamente muy pobre.

de la atmósfera y pocos minerales más en formas moleculares relativamente sencillas y también dispersos, que suelen provenir del suelo en el caso de un árbol. De hecho, los residuos de una planta contienen una energía potencial utilizable. Un árbol podría, en teoría, vivir de sus propios "desechos". Es más: las plantas construyen los suelos transformando las rocas (el granito, por ejemplo, que ha formado Gaia millones de años antes) en suelos químicamente más complejos. Si un árbol (incluido su rizoma) no es capaz de automantenerse con la energía solar y sus propios residuos es porque no es capaz de reciclarlos al 100 %, pero un organismo autótrofo tenderá a aproximarse a esa tasa de reciclado. No hay ninguna ley física que impida esto, así que, en este sentido, la objeción de Margulis a Gaia es extraña y parece que se estaría fijando más en bacterias y animales heterótrofos[71].

Cuando los recursos naturales escasean por el tamaño de la población de seres vivos que requieren de ellos, existen varias posibilidades de interacción entre los seres vivos y su entorno para resolver el problema[72].

71. En todo caso, ver anexo V para ver la postura más avanzada de Margulis sobre el tema.

72. A escala planetaria incluso, el problema es grave. Así, por ejemplo, Guerrero y Berlanga (2006) afirmarán que la *ecopoiesis* (ver anexo V) o el desarrollo de los ecosistemas, fue necesario 200 o 300 millones de años después de la presencia de las primeras bacterias en el planeta para poder mantener la vida porque previnieron el agotamiento de los elementos biogénicos de la superficie terrestre, y que fue el reciclado de la materia a través de la actividad de los ecosistemas lo que evitó la extinción, siendo además la actividad de estos ecosistemas lo que determinó la evolución en la superficie del planeta. Esto lo hicieron las procariotas solas durante 1800 millones de años (pag 230). Aquí voy a llevar este razonamiento a sus máximas consecuencias y remarco que entonces

Una posible respuesta es la competencia por el recurso. Alguien gana y alguien pierde. El ganador se reproducirá (pero solo para sustituir al perdedor) y el perdedor no lo hará. Es la visión neodarwinista en su interpretación más clásica y promocionada por el autodenominado "bulldog" de Darwin: Thomas Henry Huxley (1825-1895). La cantidad disponible de recursos energéticos y materiales renovables limita la población global final (ver figura 4.2).

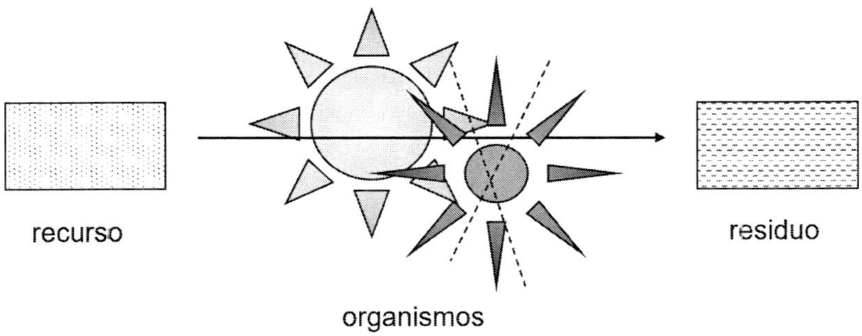

FIGURA 4.2. La visión "huxleyana" del darwinismo y que más se ha utilizado en los últimos 150 años: dos organismos (normalmente dos animales) compiten por un recurso; el mejor adaptado sobrevive y se reproduce, el peor muere o no se reproduce.

Sin embargo, aunque es la respuesta más sencilla resulta ser la menos inteligente y eficiente de las respuestas posibles y no está favorecida por las leyes de la termodinámica que hemos visto, porque no hace que aumente cada vez más rápido la entropía del universo. Además, los residuos tienden a acumularse.

las bacterias se encontraron efectivamente con el mismo problema que nuestra civilización actual: la aproximación a los límites al crecimiento.

Otra posible respuesta es coordinarse para ser más eficientes en la obtención del recurso, de tal forma que el recurso que limita a un ser vivo no sea el que limite al otro. Esto significa huir de la competencia: esta es la visión darwinista de la escuela rusa de la biología evolucionista de finales del siglo XIX, liderada —al menos en occidente— por Kropotkin[73]. Si hay pocos recursos y nos coordinamos, podemos emplear varias veces el mismo recurso, uno detrás de otro. En el caso de la materia, procurando reciclarla; en el de la energía, extrayendo todo lo que podamos el

73. Obsérvese que la selección natural y el neodarwinismo se han volcado sobre todo en la competencia como mecanismo para resolver el problema de recursos. Kropotkin quiso dar un paso adelante cuando habló de la tendencia derivada a resolver el problema con ayuda mutua y la huida de la competencia. Cuando se huye de esta se abren nuevas posibilidades más complejas...

Las razones históricas de que el darwinismo evolucionara por la vía de la interpretación de Huxley y no por la de Kropotkin son ideológicas y no científicas: la visión de Huxley encaja a la perfección con la visión liberal (y luego neoliberal) del capitalismo en plena expansión y necesitado de soporte académico (Huxley será un exponente influyente de esa ideología, al igual que Ernst Haeckel (1834-1919), quien tiene mucho más éxito editorial con sus libros, científicos o ideológicos, que el mismo Darwin). En cambio la historia ha vilipendiado repetidamente a Kropotkin, la mayoría de las veces sin razones científicas para ello, por ser un defensor del anarquismo. Tanto es así que en docenas de citas que he revisado en las que se discute el papel de la visión más colaborativa de Kropotkin, solo un autor omite que era anarquista, como si fuese algo relevante para el caso. Muchos ignoran su contribución o la minimizan con la frase: "el príncipe ruso anarquista...", cuando los mismos autores no mencionan que Darwin era el "reverendo conservador inglés racista...". Los autores tienden a caer en una falacia lógica: la ideología anarquista de Kropotkin debió inducirlo a error, como si eso no pudiera ocurrir con los demás (Margulis (1990) afirmará de hecho que el neodarwinismo es una ideología o filosofía y no una ciencia, yéndose al extremo contrario).

gradiente disponible en cascada (lo que hace que aumente más rápido la entropía). Ver figura 4.3:

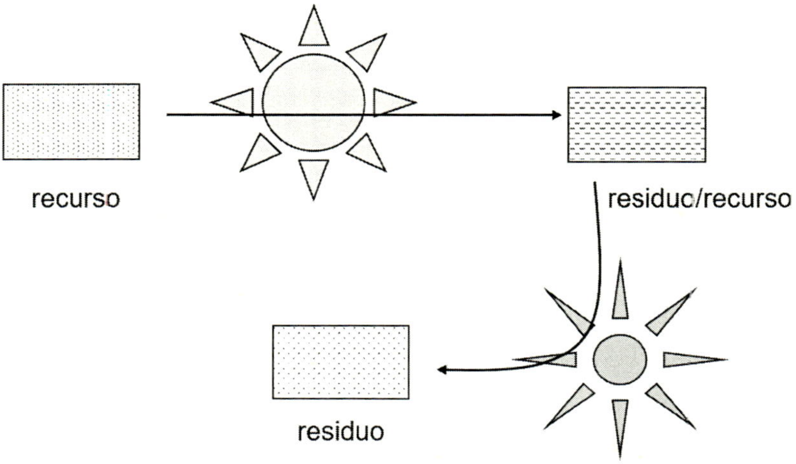

FIGURA 4.3. Visión "kropotkiana" del darwinismo: dos organismos "huyen" de la competencia por un recurso, ya que un organismo utiliza como recurso el residuo de otro. Tras varios organismos, puede llegar a reciclarse el recurso inicial. Por ejemplo, un animal respira oxígeno y genera dióxido de carbono como residuo; una planta utiliza el dióxido y regenera el oxígeno. En ocasiones, la interacción entre organismos puede ser muy íntima y se suele hablar de cooperación, como es el caso del liquen formado de una planta y un hongo, en el que la planta proporciona azúcares al hongo y este nitrógeno a la planta. Una vez formado como individuo, el quién proporciona a quién carece de sentido y comienza a surgir una cierta coordinación —los términos "competencia" o "cooperación" no son adecuados en una visión de mayor nivel—, como advierte Lynn Margulis.

Por ejemplo, cuando bebo un vaso de agua —el recurso para mi organismo—, las células y los órganos podrían competir por obtenerla, pero eso me destruiría. Si el agua es escasa, lo más eficiente y lo que permite que existan muchos más órganos y células en mi cuerpo es que cada molécula de agua pase una y otra vez por mi organismo, que se recicle y circule todas las veces que pueda. Por ejemplo, si la tasa de reciclado dentro de mi organismo fuera del 50 %, significaría que es como si hubiera bebido dos vasos de agua en vez de uno. De esa forma se puede mantener un sistema mayor y más complejo, y a su vez, la propia complejidad del sistema es la que permite la coordinación necesaria para reciclar.

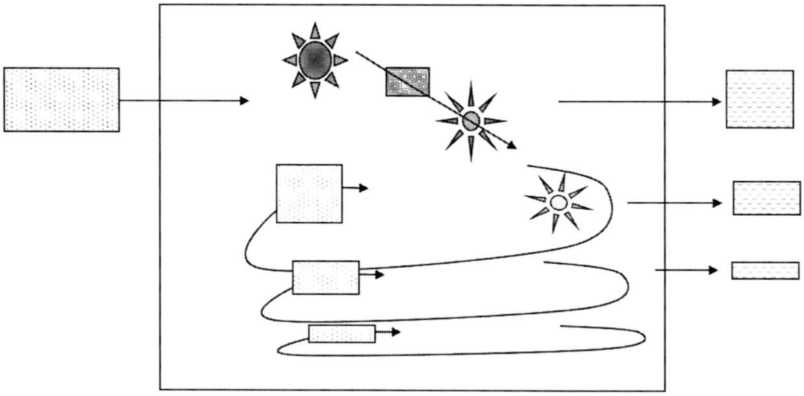

FIGURA 4.4. Visión de la Teoría Gaia Orgánica. Al coordinarse para reutilizar los recursos y huir de la competencia, los organismos terminan reciclando la materia. En este ejemplo, la tasa de reciclado es de un 50 %: en el sistema ha entrado una unidad de recurso y ha salido una unidad de residuo, pero ha empleado internamente dos unidades de recurso, es decir, necesita menos recursos y genera menos residuos, pero para ello necesita energía y procesar información.

Si la tasa de reciclado es elevada, la coordinación requerida forma un nuevo "sistema" que termina convirtiéndose en un organismo a través de simbiosis múltiples, sea Gaia, un ecosistema o un organismo compuesto de células. El organismo resuelve el problema de los límites de acceso a los recursos materiales a partir del reciclado en vez de la competencia dentro de sí; esto genera inevitablemente organismos de nivel superior, pero requiere que la energía se reparta bien dentro del sistema, a la vez que el "sistema" global termina generando más entropía en el universo que si él no existiera.

En un organismo como el nuestro, cada molécula de agua que ingerimos pasa más de 300 veces por los riñones antes de que el organismo la deseche (y la emplee luego otro organismo). Esto supone que en un organismo altamente complejo y coordinado como el nuestro (no competitivo dentro de sí), la tasa de reciclado del agua es superior al 99,5 %, lo cual es impresionante. Gracias a la coordinación y al reciclado, alejamos más de 300 veces el factor limitante, podemos ser muchas veces mayores (y mucho más complejos) que si no recicláramos nada. Dicho de otra forma: gracias al reciclado interno del agua, no tenemos que beber y evacuar más de 750 litros de agua al día, lo que supondría estar dedicados todo el día a esa única función.[74]

74. Varias estimaciones llevan a estas cifras de forma independiente. Tenemos unos 5 litros de sangre. La arteria renal recibe el 22 % del flujo del corazón. El corazón bombea unos 75 ml por pulso cada 0,9 segundos, lo que son 5 litros por minuto o 7.200 litros de sangre al día. El 91 % de la sangre es agua. Por tanto, pasan por los riñones unos 1 440 litros de agua al día (7 200·0,91·0,22), pero en un día necesitamos ingerir solo unos 2,5 litros de agua, por lo que el agua se cicla por los riñones 575 veces por unidad perdida o ganada, lo que es más del 99,8 %.
Otra forma más sencilla y divertida es contabilizar el tiempo de residencia del agua en el cuerpo humano. Si este tiene 40 litros de agua y usa y evacúa 2,5 litros diarios, el cociente 40/2,5 da el tiempo de residencia o tiempo promedio de estancia de cada molécula de agua ingerida: unos 16 días o 384 horas. Si me fuera de cervezas de bar en bar, tras más de un litro de cerveza en el cuerpo mis deseos de visitar el baño serían irrefrenables quizás a la hora de iniciar el proceso. Así, el tiempo de residencia (384 horas)

Lo mismo ocurre con los factores limitantes en la biosfera y sus organismos: estos se coordinarán tanto como sea necesario en su lucha por lidiar con el problema de los límites al crecimiento.

En el caso de la biosfera, de Gaia, el agua debe ciclarse también a altas tasas para mover los ciclos de los organismos. Un organismo como nosotros mueve a lo largo de su vida unas 1.000 veces el agua que contiene en cada instante; nos podemos imaginar así la enorme cantidad de flujo de agua que pasa por los vivientes a escala global. El agua en la biosfera no solo debe reciclarse, sino también retenerse, pues hay una tendencia irreversible a perderla fuera de la Tierra. Durante los primeros cientos de millones de años la Tierra recibió una ingente cantidad de impactos de cometas y meteoritos que ayudaron a llenar los océanos, pero desde entonces el balance es negativo y posiblemente se pierde más agua fuera de la Tierra que la que ingresa por el mecanismo de ingreso de cometas. Es la fotólisis del agua, su disociación en hidrógeno y oxígeno por fotones de alta energía, la que hace perder hidrógeno que no se retiene gravitatoriamente, con cuyo escape se pierde el agua (anexo II).

Las tasas de ciclado del agua en la biosfera pueden estimarse de forma parecida a como hemos estimado las de un organismo como nosotros, y arrojan resultados similares o incluso mayores.[75]

entre el tiempo de residencia cuando saturo el sistema y no dejo tiempo al reciclado (una o dos horas) debe ser aproximadamente mi tasa de reciclado del agua (más del 99,5 %).

75. El sistema circulatorio principal del agua en la biosfera son las corrientes oceánicas. Se estima que son necesarios entre 2.000 y 4.000 años

Otro ejemplo: cada átomo de carbono, nitrógeno o fósforo que ingresa en Gaia a través de los fenómenos volcánicos es utilizado unas 200 veces (más en el caso del fósforo)

en promedio para que una molécula de agua cicle completamente (es decir, para que se encuentre en cualquier sitio de la biosfera o termine aproximadamente en el mismo sitio en el que empezó; esto se calcula a partir del flujo de las corrientes oceánicas frente al *stock* total del agua en los océanos). El "recurso" agua proviene de los fenómenos volcánicos (del manto, que consideramos externo a Gaia). Las emisiones volcánicas de CO_2 son de unas 200 MTn al año (http://www.skepticalscience.com sobre CO_2 y volcanes); un volcán arroja en forma de gases un 60 % de vapor y un 10-40 % de CO_2, así que podemos asumir unas 500 MTn de H_20 por esta fuente al año. En 1 000 millones de años tendríamos $500 \cdot 10^6 \cdot 1.000 \cdot 10^6$ toneladas emitidas = $5 \cdot 10^{17}$ toneladas de agua. Los océanos contienen $1{,}35 \cdot 10^9 km^3$ o $1{,}35 \cdot 10^{18}$ toneladas. Es decir, el ciclo magmático del agua sería del orden de 2 000 millones de años.

Otra forma: las emisiones de SO_2 por volcanes son de unos 20-25 MTn, y estos emiten unas 50 veces más de H_2O; eso daría unos 1.000 MTn de H_2O, lo que bajaría a la mitad el tiempo del ciclo del cálculo anterior. Por tanto, el ciclo magmático es de 1.000-2.000 millones de años, frente a los 2.000-4.000 años del ciclo oceánico. Cada molécula que ingresa en Gaia es ciclada en la biosfera entre 0,25 y 1 millón de veces antes de volver a salir por fenómenos de subducción. Si consideramos agua gaiana solo la que pasa por los seres vivos podemos hacer una estimación contabilizando el agua que contienen las bacterias, considerando que se reproducen un promedio de una vez a la semana o menos (es el tiempo aproximado en los océanos). La cantidad de agua en las bacterias del mundo tiene un contenido de carbono de 77 GTnC (gigatoneladas de carbono); este es aproximadamente el 50 % del contenido seco, que a su vez es el 30 % del peso total, siendo el 70 % restante agua. Por tanto, el contenido de agua en las bacterias del mundo es de aproximadamente 350 GTn. Si este agua se incorpora a las bacterias una vez a la semana se necesitarán unos 70.000 años para que toda el agua de la biosfera pase por algún organismo (seguramente muchos menos); por tanto, la tasa de reciclado del agua de Gaia sería de más del 99,99 %. En realidad todavía más, pues a lo largo de una semana una bacteria no solo se reproduce para producir otra, sino que continuamente está intercambiando agua y materiales con su entorno, en su mayor parte oceánico.

por parte de Gaia hasta que termina como desecho fuera de sus fronteras (Volk, 2003). Si los organismos que forman Gaia no se coordinaran para utilizar una y otra vez el carbono o el nitrógeno o el fósforo (tres de los más conspicuos factores limitantes), la cantidad de vida que podría sostener el planeta sería cientos de veces menor. Es precisamente el hecho de tener relaciones cooperativas, o mejor dicho, coordinadas (y no competitivas y selección natural) lo que permite que la vida sea tan abundante en la Tierra. Las reglas de Darwin darían lugar a un mundo desértico, en el que los factores limitantes no darían ni para la biodiversidad y productividad del Sahara.

La coordinación que se requiere para el reciclado de materia y energía es tan elevada que solo seres de la complejidad del organismo son capaces de llevarlo a cabo[76]. Gaia posee esas tasas de coordinación y reciclado, luego debe ser tan compleja como un organismo.

Pero, además, estos procesos ocurren en todas las escalas, desde la bacteria hasta la propia Gaia.

Cuando un hongo se encuentra con problemas de acceso a la energía o un alga se encuentra con problemas de acceso al nitrógeno (en una visión micro de la teoría), la

76. Suelo retar a mis alumnos ingenieros a que diseñen un sistema/máquina, por ejemplo, una fábrica, con tasas de reciclado cercanas al 99 %: "¡Imposible!". Nuestra tecnología está aquí a años luz de la tecnología orgánica. Solo conocemos organismos con esas capacidades: o Gaia es un contraejemplo único, o es un organismo. Es más parsimonioso (navaja de Ockham) lo segundo. Además, Gaia sería un organismo altamente complejo, más análogo a un árbol o a un coral que a una bacteria.

solución no es competir, sino coordinarse hasta el punto de formar un único ser, el liquen. La simbiosis —la forma total de coordinación— en el liquen permite liberar al hongo de sus límites con la energía disponible porque se la proporciona el alga a través de la fotosíntesis, y el alga a su vez es liberada de su límite con el nitrógeno porque se lo proporciona el hongo. Al formarse la simbiosis, algo casi mágico ocurre: se alejan de pronto los factores limitantes (ya no hay que "luchar por la existencia"), aumenta la complejidad, aumenta la entropía del entorno más rápido que con el hongo y el alga cada uno por su lado. La formación es estable, se "selecciona" de forma automática. Hay evolución.

Y como dice Lynn Margulis, vivimos en un planeta simbiótico. Los saltos en complejidad —que es la parte importante en la evolución— permiten llegar a Gaia: la eucariota es la simbiosis de bacterias y virus; un pluricelular es la simbiosis de eucariotas, bacterias y virus; un termitero es la simbiosis de pluricelulares, eucariotas, bacterias y virus; un bosque tropical es la simbiosis de organismos, eucariotas, bacterias y virus.

Gaia es la simbiosis de los ecosistemas y sus simbiosis. Simbiosis dentro de simbiosis dentro de simbiosis. Gaia surgió de forma natural como mecanismo más eficiente para aumentar la presencia de la vida sobre el planeta desde el momento en que los primeros organismos tuvieron que lidiar con la aproximación a los límites a su crecimiento. Gaia se ayuda, pues, a sí misma, y evoluciona con el tiempo.

Una vez establecida Gaia, y aquí está la diferencia fundamental con el resto de las propuestas de los investigadores de Gaia, es ella la que dirige los procesos internos a ella, todos los "organismos" que forman parte de ella se supeditan a sus dictados (visión macro de esta teoría), de igual forma que mis células están a mi servicio como organismo. Parte del telos (propósitos y fines) de los organismos y ecosistemas que conforman a Gaia se dirige y es dirigido hacia y por Gaia.

El lenguaje cambia radicalmente; en un organismo, no tiene sentido hablar de competencia entre sus partes ni de selección natural. Se debe hablar de fenómenos y funciones fisiológicas: el salmón remonta el río y desova en su cabecera, no para sobrevivir, sino para fertilizar el bosque a través del oso que lo recolecta, lo que hace que se reciclen los nutrientes.

Por supuesto, el comportamiento del salmón debe ser coherente con la supervivencia de su especie, pero "trabaja" para Gaia. Al ayudar el salmón al reciclado de materia, Gaia se facilita la existencia a sí misma y con ello la pervivencia de una diversidad y cantidad de vida mayor. Resuelve así los límites físico-químicos a su desarrollo, pervivencia y evolución. Gaia solo crece cuando es capaz, a través de su evolución hacia la complejidad creciente, de la mejora de sus tasas de reciclado[77].

77. Cerrando este ensayo me he encontrado con un texto que no conocía previamente de Lynn Margulis (Margulis 1990) donde trabaja casi en los mismos términos el ejemplo del salmón que he empleado otras veces

Estamos, pues, en disposición de ver el ciclo de realimentaciones positivo que genera o hace emerger a Gaia como organismo (Castro, 2008):

1. Los organismos crecen y llenan los espacios físicos (principio de Malthus que recogió Darwin).

→Encuentran límites de gradientes energéticos y materiales (el principio de Malthus expresado por un biofísico, quizás el mismo Lotka).

2. Presión hacia la eficiencia, inteligencia, simbiosis y huida de la competencia.

→Aumento de la complejidad (e. g.: eucariotas, principio de Lamarck y Kropotkin).

→Aumento de la entropía en el entorno (estabilización de la complejidad, principio de Prigogine); aumento de tecnología (capacidad de modificar el entorno en beneficio propio, principio de Lovelock y Margulis).

(Castro 2008). Traduzco (pág. 868): "¿Por qué el salmón del Pacífico nada aguas arriba para morir en el área donde nació? Un neodarwinista usará términos militares o económicos, tendiendo a explicaciones en términos de "estrategias reproductivas", de crías desplazando competitivamente a otras con menos genes en común. Desde el punto de vista autopoiético, la atención va a los componentes químicos del pez. Por ejemplo, que los cuerpos muertos del salmón adulto proveen fósforo para las diatomeas que, durante la siguiente estación, servirán de comida para los salmones alevines". La visión autopoiética de Gaia de Margulis merece un anexo (V) por ser la más próxima a la Gaia orgánica.

→Reciclado en aumento (carbono y nitrógeno 99,5 %, fósforo 99,8 %, agua 99,9 %; principio de Volk).

→Alejamiento de los límites por coordinación, simbiosis y emergencia, nuevo crecimiento (principio de Lenton y Latour, previamente formulado en Castro [2008]).

3. Ir a 1 (principio de la realimentación de la Dinámica de Sistemas).

4. La biosfera se complica hasta el punto en que emerge Gaia con las mismas propiedades que un organismo autótrofo (complejidad, reciclado interno, homeostasis...); los suborganismos "trabajan" para Gaia (principio de Kant —los organismos tienen telos propio— y de la Gaia Orgánica).

En realidad, salvo la emergencia y la realimentación positiva propuestas aquí los puntos anteriores se están exponiendo en la literatura científica desde hace tiempo, y desde muy recientemente se está a un paso de asumirlos (Lenton y Latour, 2018), salvo que se sigue en un cierto atomismo (de abajo arriba) en vez de centrarse en las relaciones causales del todo a las partes (desde Gaia una vez formada)[78].

78. Por ejemplo, Lovelock lanzó la hipótesis de que el DMS emitido por microorganismos de los océanos podría tener un papel gaiano, al tratarse de núcleos de condensación de nubes que enfriaban la Tierra a escala local. La discusión se centró en las ventajas selectivas para estos microorganismos y la posibilidad de que se rompiera la desregulación con la entrada de "tramposos" que no fabricaran DMS ahorrando energía, etc. Aquí la pro-

Recuadro 3. De Darwin a la Gaia Orgánica

Los organismos no solo luchan unos contra otros para sobrevivir en un entorno desafiante (Darwin, Huxley); a menudo colaboran (Kropotkin) y hasta se unen (Margulis) para acceder mejor a la energía libre (Lotka), modificando el entorno mediante la construcción de nichos adecuados (Laland) hasta el punto de que podemos hablar de tecnología como capacidad de adaptar el entorno para sí (Lovelock, Margulis, Castro). Pero esa colaboración y unión fue subiendo desde la formación de ecosistemas y ecoprocesos orgánicos (Clements, Margalef, Odum) hasta la escala planetaria, lo que generó a Gaia (Lovelock). Formada esta, terminó dirigiendo la selección (Margulis), hasta el punto de ser capaz de disponer de más energía libre (Castro) ayudada por la segunda ley de la termodinámica (Castro, Schneider).

La necesidad de ciclar la materia y aumentar la eficacia exergética (Prigogine, Lenton, Castro) hizo que aumentara su complejidad y la de los organismos que forman la biosfera (Castro). Finalmente, la realimentación ciclado-eficiencia exergética generó estructuras de mayor nivel (Prigogine, McShea) y formó una biosfera evolutiva con similares características a las de un organismo capaz de ciclados y eficiencias propias de un organismo complejo (Castro), cuyas partes internas vivas se convierten en procesos o sistemas similares a proteínas, células u orgánulos (Castro).

Formada Gaia, la unión, cooperación, colaboración y coordinación de sus suborganismos va aumentando tanto que carece de sentido hablar de "lucha de unos contra otros en un entorno desafiante" en este nivel. El entorno desafiante lo definen las fronteras de Gaia: la estratosfera y el manto terrestre, y en su interior las condiciones son relativamente "tranquilas y bondadosas", como en cualquier organismo sano (Castro).

Los procesos abiertos persisten y hacen que aumente la complejidad por su capacidad de adquirir información para obtener energía libre (Schneider). La complejidad es proporcional a la propia información y exergía que son capaces de procesar, de tal forma que su evolución es proporcional a su propia complejidad. Así, la complejidad de los procesos gaianos aumenta de forma exponencial hasta que se encuentren factores limitantes, que serán superados si son capaces de generar saltos cualitativos en tamaño y procesado (simbiosis hasta ahora; Margulis); como no parece haber un factor limitante cercano ni para Gaia ni para sus suborganismos, lo esperable es que siga evolucionando.

Más tarde detendrá su evolución, y la evolución general tendrá que pasar por la formación de entidades del mismo nivel que Gaia (otras biosferas extraterrestres) que colaboren, se unan y finalmente se coordinen.

ÁRBOLES, PANDO Y SU PAPEL GAIANO

La Teoría Gaia Orgánica afirma que existe una suma o integración de sistemas complejos y orgánicos desde la bacteria hasta la misma Gaia. De esta forma se dispone una jerarquía en cada uno de cuyos niveles nos encontramos con organismos (que son el ámbito de la biología académica). Los niveles superiores estarían compuestos por organismos que, combinados y coordinados, en general mediante simbiosis, forman un todo mayor. Cuando este todo se va constituyendo en un superorganismo, la autonomía y los objetivos que poseían los organismos primitivos se van transfiriendo al nuevo superorganismo[79]. Es lo que ya hemos dicho: las células eucariotas, las que componen nuestro cuerpo, son el resultado de la combinación y la coordinación simbiótica de células procariotas (bacterias). Nuestras células, coordinadas en una maravillosa simbiosis, forman nuestros órganos, que juntos nos forman. Simbiosis dentro de simbiosis que no se detiene en nosotros, sino que siguen ascendiendo hasta llegar a Gaia.

En este nuevo paradigma, las explicaciones de lo que se observa en sistemas mayores que un organismo como los

puesta cambia de centro, de visión y de lenguaje: Gaia usa el DMS, y para ello mantiene sistemas —comunidades microbianas— que lo producen; los organismos "tramposos" serán expulsados y existirán "mecanismos" de control. Un organismo que no trabaja para Gaia (individuo tramposo) será tratado de forma análoga a como una célula cancerosa es tratada en un organismo...

79. O "metaorganismo" (alguien me sugirió este término tras una charla sobre Gaia en Lanzarote). Si se quiere mantener el término organismo para "suborganismos" como nosotros, tal vez sea una denominación adecuada.

humanos cambian radicalmente respecto a la visión de las teorías biológicas clásicas.

Por ejemplo, imaginemos que entramos en un pequeño bosque de álamos. Si vamos con la visión "huxleyana" del neodarwinismo, el foco de atención para tratar de explicar lo que vemos podría ser cada uno de los árboles, y veríamos competencia por los recursos escasos de luz, agua y nutrientes. Si una tormenta derribara un árbol dejando un claro y viéramos varios retoños de álamo en ese claro, diríamos que están compitiendo por la luz y que la selección natural hará que el más rápido en crecer ocupe el nicho abierto; será el mejor adaptado, madurará y se reproducirá, dejando sus genes más aptos a su descendencia.

En cambio, según la Teoría Gaia Orgánica, trataríamos de mirar el bosque entero como un conjunto dentro de un organismo mayor, Gaia. A su vez, veríamos cada árbol como parte del bosque. La interpretación de lo que observamos se transforma y ya no hablamos de competencia sino de coordinación: el bosque coordina sus elementos para reducir rápidamente el gradiente energético (cumpliendo la segunda ley de la termodinámica y, quizás, la cuarta), para atrapar eficientemente los recursos, para reciclarlos y trasladarlos a otras partes de Gaia, para formar suelos, oxígeno, etc. El claro y los retoños que hay en él los veríamos como la reparación de la "cicatriz" dejada por la tormenta, y el árbol caído como una célula muerta en proceso de reciclado.

¿Cuál es la más pertinente o la mejor de las dos visiones? En principio, depende de la escala. La Teoría Gaia Orgánica supera a la selección natural para explicar hechos a gran escala; incluso puede explicar los hechos a pequeña escala. Por ejemplo, si observas una herida en tu piel y el proceso de cicatrización posterior, la explicación que se da en fisiología humana es totalmente análoga a la Teoría Gaia Orgánica, y carece de sentido decir que las plaquetas que cierran la herida compiten y que solo sobreviven las más aptas.

El bosque de álamos puede ser, de hecho, un organismo en el sentido clásico del término, como es el caso de Pando (un bosquecillo de *Populus tremuloides* en el estado de Utah, en Estados Unidos), puesto que es un único individuo compuesto por 47.000 troncos unidos por sus raíces (genéticamente, un macho que ha crecido vegetativamente). Como en cualquier organismo, en Pando no es aplicable la teoría de la selección natural para describir la interacción dentro de sí mismo, entre sus ramas, hojas o troncos. Al ver un tejo, a (casi) nadie se le ocurre decir que las células de sus hojas compiten entre sí por los nutrientes y la luz, y que las menos aptas mueren en esa lucha por la existencia, y que se reproducen las más aptas, que son las que transmiten sus genes a la descendencia. Por tanto, para Pando debe ser lo mismo, ya que es como un tejo, solo que más grande: un superárbol.

Si el ecosistema formado por Pando no tiene un comportamiento diferente al de cualquier otro bosque, las explicaciones clásicas para describir las interacciones entre "organismos" se ponen en duda con este contraejemplo. Esto no significa que haya que tirarlas al cubo de la basura, de igual forma que no tiramos a la basura la idea de que el Sol ocupa el centro del universo (teoría de Copérnico). Para escalas del sistema solar, nos puede seguir valiendo pensar así casi siempre, pero, como sabemos, a otras escalas no funciona bien.

Aunque los árboles y las plantas clonales tipo Pando han resultado más comunes de lo esperado y predicho por las teorías clásicas, Gaia necesita mostrar que, al igual que cada tronco de los 47 000 que tiene Pando está en realidad "trabajando" para Pando y no solo para sí mismo; en general cada organismo está trabajando para Gaia y no solo para sí mismo.

Ciertamente, no parece obvio que el lobo macho que pelea contra otro "para hacerse dueño de un territorio" esté trabajando más allá del egoísmo[80] implícito en buscar su éxito reproductivo. A escala del bosque que lo acoge tal vez podamos buscar explicaciones gaianas —ya que se autolimita la población de depredadores, capaces de regular la población de ciertos herbívoros—, aunque estas relaciones nos parezcan más complejas. Las observaciones recientes del papel de la reintroducción de los lobos en el parque natural de Yellowstone son muy significativas y han sorprendido a una comunidad científica poco acostumbrada a pensar en los términos aquí defendidos (Monbiot [2017], Ripple [2012]). Por tanto, como mínimo tenemos la posibilidad de aplicar dos descripciones a lo que observamos.

Por su parte, los árboles tienen una serie de funciones importantes en Gaia no solo por su papel en la fotosíntesis y el ciclo de nutrientes (son ellos los que suelen definir los ecosistemas terrestres). A escala planetaria, la evapotranspi-

80. El término "egoísmo" no debería ser empleado desde una visión mecanicista, porque implica algún tipo de propósito teleológico aunque, paradójicamente, las visiones más clásicas lo han empleado sin demasiados tapujos. A pesar de su negación del carácter teleológico de los seres vivos en el sentido kantiano, estas visiones tampoco tienen problemas en sugerir ese carácter cuando emplean el término "para" (con el propósito de). Paradójico.

ración de los árboles y las plantas terrestres tiene un peso significativo en el ciclo hidrológico (y por tanto, en el clima y en el resto de ciclos). Desde el punto de vista clásico y enfocándonos en el árbol como individuo, la fotosíntesis solo es capaz de transformar aproximadamente el 1 % de la radiación incidente en energía química almacenada[81]. Con esa energía el árbol se mantiene, crece y permite que los herbívoros y los detritívoros obtengan su energía y su materia[82]. A su vez, una pequeña proporción de la energía de los herbívoros termina en los depredadores.

La fotosíntesis no parece muy eficiente si consideramos que nuestros sistemas fotovoltaicos son capaces de transformar en electricidad el doble de porcentaje. Aunque un panel fotovoltaico puede transformar un 20 % de la radiación solar en electricidad, eso lo hace en condiciones óptimas. Cuando hablamos de la energía eléctrica neta que producen por unidad de territorio que ocupan en los sistemas reales respecto a la energía solar incidente, la proporción baja al 2 % (Castro et al., 2013). Es cierto que esa electricidad mueve solo una parte de nuestras necesidades energéticas, mientras que aca-

81. Además, la eficiencia fotosintética baja a medida que aumenta la edad del árbol, lo cual no ocurre con otros parámetros energéticos. La interpretación es que, según madura, trabaja menos para sí y más para la comunidad a la que pertenece: robles de 20-40 años tienen una eficiencia fotosintética del 1,5- 1,7 %; de 100 años, del 0,88 %; de 200 años, del 0,4 % (Rauner, 1976; en pág. 274 de Schneider).

82. A pesar de su baja eficiencia, es tan asombrosamente compleja que aún no hemos sido capaces de imitarla: la estructura cristalina del fotosistema contiene 12 subunidades centrales, 4 receptores de luz membranales, 45 hélices transmembranales, 167 clorofilas, 3 complejos Fe-S y 2 filiquinonas (Ben-Shem, Frolow y Nelson [2003]: "Crystal structure of plant photosystem 1". *Nature* 426, págs. 630-635).

bamos de señalar que el árbol se mueve a sí mismo y a todos los animales y hongos y heterótrofos que dependen de él.

En todo caso, puesto que hemos dicho que existe un carácter tecnológico en los organismos y ya que el conjunto de la vida lleva aquí miles de millones de años de ensayos tecnológicos, debería extrañarnos que podamos superar a Gaia o a una familia de organismos como los árboles en tecnologías relacionadas con el flujo energético o el procesado de materiales importantes para la vida[83]. Ya mencionamos que nuestra producción de fertilizantes a partir de la ruptura de la molécula de N_2 era tecnológicamente burda comparada con la energía empleada por las bacterias encargadas de esa función[84]. En realidad, un árbol emplea la radiación solar para más funciones, especialmente para evaporar agua a través de sus hojas.

De la radiación solar incidente sobre un árbol o un bosque el 1 % se emplea para la fotosíntesis, el 15 % se refleja (lo que a escala global tiene un efecto sobre el albedo gaiano), el 18 % se convierte en calor y el 66 % es empleado por la planta

83. "Los bosques y los árboles que los forman representan el no va más de la tecnología biosférica relacionada con la reducción de gradientes" (pág. 270 de Schneider y Sagan).

84. Una estimación propia basada en la productividad de la molécula de ATP (la "moneda" energética por excelencia empleada por la vida) es que la cantidad de energía requerida es de unos 50 MJ/kg en ambos casos, pero los efectos sobre el entorno no son los mismos debido a los materiales empleados y a las temperaturas requeridas; esto aparte de la escala nanotecnológica que obviamente emplean las bacterias. Si contabilizáramos la energía necesaria para corregir los efectos negativos sobre el entorno del ciclo completo de nuestra producción y uso de fertilizantes, el total de energía requerida sería mucho mayor que esos 50 MJ/kg, y entonces veríamos absurdo fabricar esos fertilizantes de la forma en que lo hacemos.

para elevar el agua del suelo a las hojas, donde se evapora (con dos funciones: el árbol o el bosque se enfría y a escala global ayuda a mover y aumentar el ciclo del agua; Schneider y Sagan, pág. 201). Así, el árbol sería muy poco eficiente, al requerir un 1 % para su mantenimiento-crecimiento, mientras que para subir y bajar nutrientes y agua requiere un 66 % de la energía incidente, aunque le bastaría menos del 0,001 % si usara otro mecanismo (un corazón o una bomba en un circuito cerrado[85]).

85. Elevar nutrientes mediante la evapotranspiración es muy ineficaz si de lo que se trata es de esa función (hay más mecanismos: ósmosis y capilaridad, pero la ósmosis no puede ser un mecanismo pasivo en manglares). La energía potencial gravitatoria que hay que vencer es pequeñísima; un árbol que evapore 100 kg de agua en un día, de 30 metros de altura y con una superficie de captación solar de 300 m2 con una radiación incidente de 800 W/m^2, dispone de $8 \cdot 10^9$ julios/día, mientras que la energía potencial del agua subida es de $3 \cdot 10^4$ julios/día, más de cinco órdenes de magnitud de diferencia. Aunque las constantes de rozamiento sean muy altas (K), la "altura" perdida por ellas viene por $K \cdot v^2/2g$, siendo g la aceleración de la gravedad y v la velocidad del líquido, que es muy pequeña (el caudal es pequeño: 100 litros al día; un corazón humano mueve más de 7 000 litros diarios). Para que el rozamiento fuera significativo, K debería ser absurdamente alto, y el xilema y floema más parecería circular por una pared poco porosa que por una tubería). En comparación con el sistema arterial de un mamífero (tenemos más de 20 000 km de red arterial), el problema del rozamiento en un árbol parecería miles de veces mayor, lo que no se justifica y no puede ser la causa de que los árboles no tengan una bomba (o millones de escala celular) para mover los nutrientes disueltos en agua, como hacen los animales.

Por otro lado se requiere agua para disolver el CO_2 de la atmósfera, por lo que parece inevitable que al abrir el estoma para captar CO_2 se evapore agua. Un cactus puede perder menos de 25 gr de agua al día y apañarse. El floema, en cambio, baja, y los nutrientes se reparten seguramente también por mecanismos activos. El límite de altura de un árbol viene determinado aquí por la diferencia de presión que pueden soportar las hojas en la transpiración (25-30 atm), lo que podría dar lugar a árboles de más de 200 metros

Se puede argumentar que la bomba detraería energía del árbol, mientras que la evapotranspiración es un mecanismo pasivo pero, de hecho, el árbol no es pasivo en su ciclo interno de agua, pues gasta una pequeña energía en el control de estomas y demás funciones de mantenimiento de esa evapotranspiración con la que, además, las plantas terrestres corren el riesgo de deshidratarse. Esos mecanismos activos de control del flujo seguramente gastan más del 0,1 % de la fotosíntesis, por lo que el árbol no solo es ineficaz sino que gasta más energía que si diseñara un mecanismo de bombeo, con el que además ahorraría agua. Si trabajara solo para sí, el árbol sería absurdamente ineficaz y estúpido, lo que parece desmontar la idea de que la vida trata de captar los flujos energéticos al máximo (Lotka, Schneider y Sagan).

Por el contrario, respecto al gradiente del Sol solo un 15 % de los fotones sufren una baja dispersión (rebotan y se dispersan solo geométricamente, pero no se absorben para generar luego más fotones). El incremento de entropía es muy superior al que habría sin árbol[86]: el 18 % pasa a calor (dispersión de fotones infrarrojos) y el 66 % pasa a la entropía que lleva el vapor de agua respecto al agua líquida, y para ello solo tiene que detraer ("ordenar") un 1 % de la energía por fotosíntesis (recuérdese el efecto del cristal de sal al evaporarse el agua). Esto es clave para el mantenimiento

de altura. El límite de altura, pues, viene dado más bien por la resistencia a la compresión de los materiales como la lignina (el peso enorme que debe soportar el árbol en su parte baja; cálculos propios y datos de varias fuentes, principalmente de Miguel Aguilar. *Biomecánica*. CSIC, 2000).

86. Y a la vez es mayor la dispersión en un bosque amazónico, complejo e integrado, que en una plantación de eucaliptos, monocultivo ordenado.

de este sistema, pues cumple con el 2º y 4º principios de la termodinámica, pero es inexplicable desde el punto de vista del egocentrismo darwiniano. En realidad no solo se alimenta el árbol con ese 1 % de fotosíntesis, y con él todos los hongos y animales, sino que el 66 % es empleado por Gaia para sus funciones (que alimentan indirectamente al árbol y a los hongos y animales), y quizás incluso el 15 y el 18 % restantes sirvan a sus funciones climáticas. Esto lo hace Gaia sin necesidad de acelerar muchísimo la degradación entrópica del Sol (15 % más; Castro, 2008) respecto a un planeta muerto (lo que además deja espacio para la mejora y, por tanto, para la evolución progresiva de Gaia)[87].

En un bosque como el Amazonas la mitad de lo que llueve proviene de un árbol y no del océano o, dicho de otra forma, el Amazonas recicla el agua al 50 %. O dicho aún de otra forma más: si los árboles no se empeñaran en evapotranspirar, no llovería tanto en el Amazonas (ni en el resto de la superficie terrestre) y no existiría el Amazonas (se convertiría en una sabana, y estas en desiertos, y luego todo en desiertos). Si escasea el agua, la evapotranspiración es el mayor problema que tienen las plantas, capaces de habilitar todo un nuevo metabolismo químico en cactáceas, pero incluso estas no renuncian a la función de evapotranspirar. Desde la Teoría Gaia Orgánica estamos viendo claramente que las partes están trabajando para el sistema en una proporción de casi 100 a 1 sobre lo que trabajan para ellas mismas.

87. Marte, Venus y Titán generan menos entropía por metro cuadrado que la Tierra. Y la biosfera juega seguramente el papel diferenciador (Kleidon 2005).

Por supuesto se podrá argumentar que la evolución ha llevado a una tecnología muy ineficaz a los árboles y las plantas terrestres, hasta el punto de que parece un callejón sin salida el problema de la necesidad de abrir estomas para captar CO_2, con la pérdida consiguiente de agua. Pero si consideramos la "inteligencia" que exhiben las plantas, parece una contradicción[88]. Además, los árboles emiten moléculas especiales (terpenos y otras) cuyo efecto "colateral" es la formación de núcleos de condensación de nubes, que tienen de nuevo una doble función: generar nubes que afectan el clima (en general, enfriando la superficie, al menos a escala local) y aumentar la probabilidad de lluvia. Todo esto acelera el ciclo del agua y hace que lo que es un problema para el individuo se convierta en funciones útiles para el sistema mayor: el bosque y Gaia.

La explicación más parsimoniosa es que cada árbol trabaja más para Gaia que para sí. Recordemos, además, otras funciones útiles a escala planetaria, como la lixiviación de minerales que terminan en los mares o el propio aporte material cuando decaen las hojas y demás materiales que los forman. El hierro, cuya forma habitual es muy insoluble en

88. Desde la filosofía y la ciencia, Pigem hace una defensa apasionada y brillante de la inteligencia de la vida que amplía nuestro reduccionismo antropocéntrico de forma coherente con lo que nos repiten una y otra vez los experimentos en plantas (e. g.: Gagliano, 2017; Calvo Garzón, 2011; Brenner, 2006) o incluso en microorganismos (Saigusa, 2008; Ben Jacob, 2004). La inteligencia que describe Pigem tiene un fuerte paralelismo con el carácter teleológico intrínseco que asigno a los organismos. Desde la historia, la filosofía y la misma ciencia, Talbott (2017) también se extraña y denuncia que cueste tanto integrar inteligencia y teleología (las cuales entrelaza) en el discurso de la biología.

RECUADRO 4. Gaia Orgánica (qué esperamos y observamos)

1. Regula (adapta) el clima del planeta.
2. Regula la salinidad de los océanos.
3. Regula y construye los suelos.
4. Mantiene el agua en la Tierra.

→El agua hidrata y lubrica las placas tectónicas

→Mantiene el vulcanismo (entrada y salida de materiales).

5. Regula la entrada de energía (por ejemplo, impide UV con capa de ozono).

Estos puntos implican que Gaia y sus suborganismos no tienen que adaptarse a extremos climáticos: hipersalinidad, hiperacidez, pérdida de suelos, desecación total, rayos cósmicos, etc. El entorno que crea Gaia evita extremos que generarían mucha menos presencia de vida, que a su vez impediría las propiedades de Gaia.

6. Se recupera (resistente y resiliente).

Unos millones de años después de una catástrofe (meteorito, vulcanismo) que genera una extinción masiva de especies, Gaia recupera su estado anterior (= temperatura, salinidad, pH, ciclos de nutrientes, etc.), en vez de adaptarse los organismos a las nuevas condiciones que surgieron durante el episodio catastrófico. Los nichos vacantes se llenan con nuevas especies, pero las nuevas especies terminan generando las mismas condiciones previas.

Esto es análogo a lo que hace un organismo tras la enfermedad, o a un ecosistema que, tras una fuerte perturbación y el retroceso experimentado en su sucesión ecológica, regresa de nuevo a unas mismas características, en ocasiones con nuevas especies haciendo las funciones previas. Si las aparentes "extinciones" provienen de ella (e.g. la oxidación de la atmósfera reduciría el número de anaeróbicos), no se recupera el estado anterior, deben verse pues como una "metamorfosis" en las que Gaia saca partido finalmente (e.g. la oxidación incrementó en un orden de magnitud la tasa metabólica) o como un error de sus procesos de "ensayo/error", pues aunque se va perfeccionando, no es una diosa perfecta.

7. Se alimenta y genera residuos, pero con tasas de reciclado típicas de organismos muy complejos.

> 99,5 % del nitrógeno, el carbono, el fósforo y el agua. Retiene agua en el planeta. Moviliza nutrientes a escala planetaria, con flujos incrementados por los vivientes y los ecosistemas.

8. Orquesta organismos, que transfieren objetivos y funciones a Gaia.

Eficacia energética de un árbol, Pando, apoptosis unicelular, sexo... se explican como transferencias de funciones de partes a todos.

agua y por tanto escasea mucho en los mares, resulta un ejemplo interesante. Este mineral, al formar parte de compuestos orgánicos, es más fácil de absorber por parte de los organismos oceánicos, lo que reduce ese factor limitante: los árboles también estarían trabajando para los océanos, y no solo estos (por su aporte de agua) para los árboles.

MÁS CARACTERÍSTICAS Y PREDICCIONES DE LA TEORÍA GAIA ORGÁNICA

Puesto que Gaia es un organismo de organismos, estos últimos deben transferir sus funciones (sus objetivos, su telos) al organismo mayor. De esta forma deberemos observar comportamientos de organismos que son ilógicos desde el punto de vista de la supervivencia del individuo o del grupo, pero no lo son si se explican como un servicio a Gaia (el ejemplo de la energética de un árbol apuntaba en esta dirección). Expliquémoslo con una analogía: sin duda, muchas células y órganos del lector están haciendo ahora cosas "ilógicas" desde su punto de vista interno si los consideramos como organismos con objetivos propios, egoístas, dirigidos solo para sí, "máquinas de supervivencia", como diría el neodarwinismo; solo si vemos su comportamiento como una función o un trabajo para el lector tendrá sentido lo que están haciendo. Por ejemplo, si al lector le persiguieran unos asesinos, sin duda dejaría este libro y pondría toda la maquinaria de su cuerpo a trabajar, y probablemente se pondría a correr como nunca lo ha hecho en su vida. Es posible que algunos músculos de sus piernas sufrieran desgarros y que el corazón se pusiera a 200 pulsaciones por minuto; tanto piernas como corazón estarían haciendo algo totalmente absurdo desde su "egoísmo", pero lo harían porque "el todo" se lo ordenaría. Consideramos lógico un comportamiento solo si vemos al organismo entero.

La predicción gaiana sería similar: debemos observar comportamientos por el bien de Gaia que sean directamente perjudiciales para los organismos implicados, no hasta el extremo de que el perjuicio sea tan grande que termine impidiendo la función que hacían, pero sí lo suficiente como para que sin duda los podamos explicar solo si son beneficiosos para Gaia. El músculo del ejemplo se puede desgarrar, pero si se termina rompiendo, entonces el organismo tampoco saldrá beneficiado, porque los asesinos lo atraparán.

Ejemplos:

1. Visualicemos un pez que se une a otros en un banco de peces y que este es atacado por depredadores. La predicción del neodarwinismo es que el pez sobrevivirá mejor el ataque en el banco. La predicción gaiana es que el pez y el banco deberán tener controlada su población y alimentar a los depredadores, que cumplirán así esa función de regulación hasta el punto de que el pez y el banco tendrán menos probabilidades de sobrevivir con su comportamiento que si se dispersaran. La predicción gaiana es que muchas veces veremos bancos enteros de peces en los que no sobrevivirá ni un solo individuo y que si de alguna forma se les obligara a dispersarse, sobrevivirían más individuos. Una predicción opuesta al neodarwinismo y que se podría comprobar[89].

89 El fenómeno de la bioluminiscencia es una señal de "estamos aquí" que sirve para agrupar. Para la visión de un mundo depredador no tiene sentido y necesita explicaciones complejas.

2. Una planta podría facilitar la vida de otras plantas —que en teoría compiten con ella por los recursos— hasta el extremo de tener mecanismos "ineficientes" desde su punto de vista egoísta pero eficientes desde el punto de vista ecológico y gaiano. Veríamos, en la teoría gaiana, que estas plantas no mejorarían estas "ineficiencias" en su evolución, sino al revés. Dicho de otro modo, Gaia seleccionaría a las plantas ineficientes con el uso egoísta de los recursos. Ya vimos la evapotranspiración desde este punto de vista, pero hay más, como el bombeo de agua arriba o abajo en el suelo (bombeo hidráulico) y su posterior reparto con otros individuos y especies de plantas y hongos y animales, o el trasvase de nutrientes entre raíces de distintas plantas (Simard, 1997).

3. Esta facilitación de las plantas a sus vecinas puede verse como cooperación en este nivel. Ya hemos señalado que el tema nace con Darwin, y que la escuela rusa de Kropotkin lo trabaja durante el siglo XIX. La cooperación siempre ha sido un problema para las teorías evolutivas, pero se convierte en algo casi obvio al poner la mirada en la escala gaiana (lo que vemos como cooperación entre organismos es una coordinación de Gaia que interpretamos a escala "celular").

Para resolver el problema de límites a su crecimiento, las bacterias tuvieron que cooperar formando redes simbióticas que se han expandido durante toda la evolución. Las bacterias forman redes simbióticas en el ecosistema intestinal del cuerpo humano (Rakoff-Nahoum, 2014); forman redes simbióticas mutualistas tan extendidas que no se han encontrado antes debido al paradigma dominante aunque las evidencias estuvieran ahí desde antiguo. Ren et al. (Ren, 2015) observan sinergias en biofilms, mutiespecies de consorcios bacterianos que exhiben bastante cooperación y que producen más biomasa que las especies menos "cooperativas".

Steward et al. (Steward, 2012) dicen que el avance en la metagenómica y la proteonómica está permitiendo tomar conciencia de que la diversidad microscópica es enorme, porque hasta hace poco no nos dábamos cuenta de que la mayor parte de las bacterias no las sabíamos cultivar, en buena medida porque las relaciones simbióticas las hacen unas dependientes de otras y no se pueden aislar. Esto significaría que las bacterias más mutualistas son más difíciles de cultivar y, por tanto, hemos utilizado como "normalidad" las menos mutualistas, las que confirmaban la competencia más que la cooperación. El sesgo metodológico en el que hemos incurrido se ha debido en parte al paradigma reduccionista y competitivo.

No solo eso: Steward et al. afirman que "son precisamente las familias que se han mostrado no cultivables las que exhiben papeles críticos en el ciclado del carbono, el nitrógeno y otros elementos, al sintetizar productos naturales nuevos e impactar sobre los organismos que las rodean y el medio ambiente". Es decir, nos hemos perdido hasta ahora precisamente las funciones más gaianas de las comunidades bacterianas, lo que era de esperar ya que la competencia no da lugar a Gaia. Señalan también que, aunque ya en 1911 y con microscopios el conteo era muy diferente entre las que existían en una muestra natural y las que luego crecían en una placa, y en 1985 la diferencia se cuantificaba ya en varios órdenes de magnitud, es obvio que el paradigma ignoró esto, encantado con todo lo que se podía hacer con unas pocas bacterias "modelo" —aunque la mayoría de estas fueran *outsiders* ecológicos—.

4. Veríamos cómo un animal desperdicia energía desde su punto de vista, pero desde el del ecosistema o el de Gaia lo que hace es compartir la energía. La urea de los mamíferos contiene energía, pero los mamíferos suelen "desperdiciarla", ya que no la metabolizan. Solo en un caso de supervivencia extrema en el que la energía de la urea pueda ser esencial se habilitarán los mecanismos metabólicos para "digerirla" y obtener su energía; si no, simplemente se entregará al ecosistema, por ejemplo, para fertilizar el bosque en el que habita el mamífero; además, el mecanismo de "supervivencia" podría ser reversible.

A su vez, Lovelock decía que el conjunto de los seres vivos parece empeñarse en mantener unos niveles de amonio y otros "residuos" (que almacenan energía aprovechable) para una función gaiana, que es la de impedir que se acidifiquen las aguas y los suelos (Lovelock, 1974; Odum, 1989). En este sentido he señalado que los salmones remontan los ríos no solo para reproducirse (los pocos que sobreviven al trayecto), puesto que sería más fácil encontrar un lugar adecuado en el océano, sino para contribuir a través de osos y otros depredadores a fertilizar el bosque en la cabecera del río, lo que ayuda a cerrar ciclos de nitrógeno y fósforo.

5. La muerte del organismo programada genéticamente sería una de las previsiones más obvias y directas de la Teoría Gaia Orgánica. Al igual que existe una muerte celular programada en los organismos pluricelulares (se conoce también como apoptosis), debe existir en todos los organismos una tendencia a la programación de la muerte. La apoptosis en organismos unicelulares tiene una dificilísima, compleja y poco creíble explicación en el neodarwinismo, que de hecho hizo la predicción contraria; sin embargo, es algo sencillo y lógico de explicar en la teoría gaiana. Se ha observado la apoptosis en unicelulares; la predicción gaiana es que este fenómeno debe ser muy habitual y tan antiguo como la misma Gaia (ver anexo III).

6. Gaia tenderá a diluir los egos, a desdarwinizar los organismos, a que la individualidad se transfiera solo a ella. Así, podemos ver el sexo como tal dilución, y a pesar de las dificultades explicativas que tiene la emergencia del sexo para las teorías clásicas, la explicación gaiana viene de la mano precisamente del conjunto de mecanismos habilitados por Gaia para evitar la tendencia a la desregulación que el crecimiento rápido de un individuo y su descendencia idéntica puede provocar.

El sexo obligado lo vemos desde la teoría Gaia Orgánica como nunca se ha visto antes, y se convierte así en una especie de barrera de Weismann: la ventaja del sexo no es para los individuos implicados (aunque en algunas especies, el placer resultará la contraparte), sino para el ecosistema mayor o Gaia, precisamente porque diluye el ego y facilita la transferencia de telos hacia el todo mayor que acoge a esos "individuos". Genéticamente, los hijos ya no son como los padres (ante el desarrollo del feto, los mamíferos suprimen la respuesta inmune en el útero mediante un control genético heredado de ¡retrovirus! [Villarreal, 1997]), ni se reproduce el organismo como tal, por lo que es difícil de explicar desde una posición egoísta (un individuo egoísta que trabaje solo para sí nunca elegiría una reproducción sexual pudiendo clonarse; de ahí las dificultades explicativas y las muchas teorías sobre el sexo que se han expuesto). Recordemos que la barrera de Weismann trata de impedir un neolamarckismo exacerbado separando la línea germinal de la somática y diluyendo el ego de todas las células somáticas, al tiempo que dificulta un exceso de éxito evolutivo de un organismo frente a Gaia. El sexo daría ventaja evolutiva solo a Gaia, e indirectamente a los organismos implicados.

Debería ser obvio para la teoría clásica que el mayor éxito se conseguiría con la capacidad de elegir entre el comportamiento sexual y el asexual; sin embargo, la mayoría de los organismos sexuados no pueden elegir reconvertirse en asexuados. De nuevo, los teóricos darwinistas, desde el mismo Darwin, predijeron que el éxito del sexo vendría dado por el incremento de la diversidad (con el neodarwinismo, esta se interpretó en diversidad de genes). El sexo debe tener una enorme ventaja evolutiva por ese aumento de diversidad, ya que la selección natural requiere individuos parecidos pero diferenciados. Los clones no generarían individuos diversos y diferentes, y la selección natural no mejoraría tan fácilmente su adaptación. Esta ventaja tiene que ser muy grande, porque el sexo supone un triple coste frente a la asexualidad.

Uno que podemos ver desde la discusión de estas páginas es el coste relacionado con la energía y la complejidad (es más complejo y cuesta energía buscar pareja); los otros dos se han lanzado por los propios teóricos evolucionistas clásicos: el coste de generación de los machos y el coste de la meiosis. Sin embargo, Gorelick se queja de que se sigue dando esta explicación de la ventaja evolutiva por aumento de diversidad a pesar de que las observaciones llevan tiempo desmintiéndola. El propio Gorelick, al no querer renunciar a las hipótesis fundamentales del neodarwinismo, añade nuevos "epiciclos"[90] para tratar de cuadrar las observaciones con las viejas teorías. En este caso, las predicciones erróneas de la teoría se han mantenido durante más de siglo y medio, y aún no se han disipado. Los teóricos también se extrañaron de que poblaciones sexuales muy pequeñas (con baja diversidad teórica) pudieran sobrevivir, porque todo eran costes (Laland en Scott-Phillips, 2014; Gorelick 2010), y se predijo que se extinguirían, pero no ha sido así.

90. Epiciclos: como se explica en el Epílogo, consistían en añadidos orbitales que la teoría geocéntrica debía ir sumando de manera forzosa al observar fenómenos que no encajaban con el hecho de que la Tierra fuera el centro del universo y que, de hecho, se resolvían al adoptar una perspectiva heliocéntrica que tardó siglos en imponerse. Se emplea aquí por analogía para mostrar los esfuerzos que realiza el neodarwinismo para encajar fenómenos observables que no son explicables desde esa base explicativa.

Es más: cuando un ecosistema se lleve a la degradación, podemos prever que será más fácil la entrada de organismos sexuales capaces de reproducirse asexualmente.

En todo caso, los organismos clonales tampoco tienen una ventaja o desventaja selectiva —no usamos esta terminología en la Teoría Gaia Orgánica—. Por ejemplo, la abundancia de plantas clonales (como Pando) y su estudio trae de cabeza a los teóricos, y podríamos señalar dos predicciones erróneas de la selección natural para este tipo de plantas: Liu (2016) señala que, aunque hay bastantes pruebas de que la integración clonal es funcional y positiva para responder al estrés, a recursos heterogéneos, etc., no se ha encontrado la esperada mejora competitiva derivada de esos hechos[91]; también se previó que las plantas clonales debían ser muy escasas frente a las sexuales, hasta el punto de que ciertos autores (Douhonnikoff, 2015) proponían mecanismos epigenéticos para ayudarlas ante los costes evolutivos que se suponía que tenían frente a las sexuales[92]. Recientemente, algunos autores (Ye et al., 2016) se van por fin centrando en los efectos comunitarios, que es a donde se dirigiría directamente un teórico de Gaia, y señalan que se beneficia a las plantas vecinas con consecuencias ecosistémicas.

91. Pero si vemos el ecosistema maduro como un organismo, esperamos no ver competencia, y esta solo se "observará en ecosistemas deteriorados" (Goldstein, 1963, pág. 443, en Holdredge, 2000: "La competición solo se observa cuando el funcionamiento del todo está enfermo o en disarmonía, es solo cuando la autopreservación es una tendencia en el organismo").

92. Lo que una vez más suena a añadir epiciclos, puesto que las plantas sexuales también disponen de esos mecanismos epigenéticos y se está buscando una diferencia competitiva entre ellas.

7. La dilución de egos está relacionada con el problema de la individualidad, que es uno de los más difíciles de resolver para las teorías evolutivas clásicas[93]. Holdredge (2000) señala que cuando se habla de estrategias de supervivencia y competición se está decidiendo que los organismos son entidades únicas y discretas. "Pero entonces este prejuicio implica que secundariamente los organismos interactúan y compiten... Sin embargo, toda la ecología muestra que esto no es así... El organismo único (o la especie) que se supone que compite con otro no existe. Es mucho más apropiado ver a los organismos como miembros de un todo diferenciable que nunca se ha disuelto en entidades discretas".

Holdredge pone tres ejemplos de interacciones planta-animal que desdibujan el concepto de organismo y que se explican mejor como "parte de" un organismo ecológico frente al "conflicto entre" organismos biológicos, que ahora serían vistos como parte de un órgano o tejido mayor. Clarke (2010) hace más explícito el problema: "En la síntesis moderna, la importancia de los individuos es central para la lógica interna de la evolución por selección natural, de acuerdo con la cual la

93. Bouchard (2013) dice que el concepto de individuo clásico ya no sirve y pone unos cuantos ejemplos, como las colonias de insectos y sus simbiontes. Bouchard (2013) y Nicholson Drupé (2018) escriben sendos libros en los que filósofos, biólogos e historiadores discuten el problema. Margulis (1990) y Guerrero y Berlanga (2006, 2009), entre otros microbiólogos, tienen muchos problemas en admitir la individualidad de las procariotas. Sea porque las bacterias deben ser vistas como consorcios complejos o ecosistemas (*biofilms*) (Guerrero y Berlanga) o como parte de los holobiontes de plantas, hongos y animales (Guerrero et al. 2013), son estos, en todo caso, los "individuos" a los que se podría aplicar la selección natural.

evolución ocurre por la supervivencia y la reproducción diferencial de los individuos… La acción del proceso de selección requiere que haya una multiplicidad de objetos que estén separados suficientemente unos de otros para que puedan ser borrados o copiados diferencialmente". Pero toda la ciencia ecológica y las propias genética y biología a todas las escalas tienden a romper, con sus observaciones, el concepto de individuo-organismo, de gen o de especie.

Así, las teorías evolutivas clásicas requieren de individuos que compitan por la supervivencia; sin individuos nítidamente definidos, se quedan sin "cartas con las que jugar la partida". De ahí toda la resistencia histórica a la dilución de genes (por ejemplo, la transposición genética descubierta por Barbara McClintock, que costó admitir y que al principio solo se quiso ver como una rareza de las plantas y se previó que no sería encontrada en animales; ver Shapiro (2013) para una reinterpretación completa de la genética); a la simbiogénesis de Margulis; a la apoptosis en unicelulares; a las transiciones evolutivas mayores de Maynard-Smith y Szahtmary, consideradas también rarezas en las que inexplicablemente la selección natural tenía que relajarse; a la interpretación de las plantas y los organismos como comunidades ecosistémicas, desde los biofilms bacterianos al concepto de holobionte; a la interpretación de los ecosistemas como organismos de Clements; al papel regulador y de transferencia genética de virus y bacterias más allá de su interpretación como parásitos (es más: Newby, 2013, escribe "Priones y otros como agentes biológicos beneficiosos como ejemplo reciente del cambio de visión de la enfermedad a la utilidad funcional"); a la teoría de construcción de nichos de Laland et al. (ver Scott-Philips, 2014); y a la propia Gaia, más aún cuando esta se ve como un organismo. Todos estos casos tienen un factor común: el ego o individuo se diluye en un todo mayor.

8. Una forma de obligar a los suborganismos a depender de Gaia es que estos se relajen ante las fluctuaciones del entorno o ante unos recursos siempre presentes. Existen decenas de ejemplos, en todos los reinos de la vida, en los que los organismos pierden funciones de automantenimiento porque otros organismos, el ecosistema o la propia Gaia se las proporcionan de forma estable[94]. Si Gaia reduce las fluctuaciones de temperatura o controla

94. Ellers et al. (2012) hablan de una gran multiplicidad y diversidad de casos en todos los reinos de pérdidas funcionales por interacciones ecológicas. Las clasifican en seis tipos distintos: selección relajada (e. g.: pérdida de ojos en ambientes oscuros); dependencia evolutiva (e. g.: endosimbiosis y mutualismo); compensación ambiental (pérdida de calcificación en el cangrejo ermitaño, pérdida de síntesis de vitamina D porque lo hace el sol en la piel; esta está directamente relacionada con Gaia); la Black Queen Hypothesis (BQH) de pérdida genética; reducción genómica en endosimbiosis (mitocondrias, ¿virus?); y compensación por interacciones con otras especies (e. g.: pérdida de síntesis de arginina en hormigas que cultivan hongos). Es a esta última clase a la que se dedican Ellers et al. en el artículo, que a su vez encaja como un guante con Gaia, que explicaría todos los casos de un solo golpe. Es más, la Gaia Orgánica generalizaría completamente estos fenómenos: todos los "organismos" tendrían estas "pérdidas funcionales" propias, lo que significa que existe un enorme campo observacional a partir del de Ellers, de la BQH, etc. Por otro lado, frente a esta generalización de pérdidas funcionales, los autores no sospechan porqué los organismos unicelulares no pierden los "mecanismos" que los llevan a

el pH, etc, los organismos no tienen que adaptarse a extremos, lo que permite que sobreviva la mayoría[95].

Ni el ser humano ni otros organismos complejos resisten las fluctuaciones y los extremos que existirían en un entorno sin Gaia: nos hemos hecho dependientes de la simbiosis con bacterias para realizar ciertas funciones digestivas, no sabemos sintetizar vitaminas porque se encuentran corrientemente en el ecosistema, etc. A todas las escalas hay una dependencia mutua jerárquica, en la que la bondad del entorno que crea el organismo que nos acoge (ecosistema, Gaia) nos permite sobrevivir más y mejor, y a la inversa, el conjunto de los organismos constituye Gaia.

La Teoría Gaia Orgánica prevé que la reducción de las fluctuaciones por el control gaiano es un factor que permite el aumento exponencial de la complejidad. Al haber menos fluctuaciones y necesidades de mecanismos de adaptación, hay más libertad para hacerse más complejos. Un sistema complejo tiene más funciones esenciales de las que basta que falle

la apoptosis o muerte celular programada, lo que debería ser extraño a las teorías clásicas.

95. Pero alguna fluctuación debe darse para que exista el cambio; se requiere, como mínimo, un gradiente energético. Los casos de Marte y Venus como extremos son paradigmáticos aquí: en Marte, las fluctuaciones de temperatura son altísimas, la NASA ha registrado tormentas planetarias en las que en unas pocas semanas puede haber un "cambio climático" del orden de 50 °C (compárese con el daño que generaría el cambio climático antropogénico de 3 o 4 grados en un siglo); por el contrario, las fluctuaciones de temperatura en Venus entre el día y la noche o entre los distintos puntos de su superficie se miden en centésimas de grado. Ninguno de los dos tiene vida en abundancia, en parte precisamente por esto.

una para que todo se venga abajo. Un ejemplo es que, con el aumento de genes y proteínas, hay más probabilidades de que una mutación deletérea ocurra en una proteína esencial, con lo que el organismo tiene que habilitar mejores y más eficientes mecanismos de reparación genética. Pero si el entorno en el que está es menos fluctuante, no solo tenderá a haber menos mutaciones (caso de la capa de ozono, que impide la entrada de rayos cósmicos generadores de mutaciones), sino que se abrirá el espacio a la complejidad, que aleja así sus límites. Si, además, alguna función que requiere el organismo la hace otro (por simbiosis, por ejemplo), de nuevo se vuelve a abrir el espacio de la complejidad (es el caso que vimos de la simbiosis con las mitocondrias: al transferir funciones de esta al resto de la célula, y a la inversa, se posibilitó la complejidad de la vida más allá de las bacterias).[96]

Los organismos más complejos tienden a ser más "delicados" ante fluctuaciones bruscas: normalmente, la mayoría de los extremófilos son organismos "sencillos" (recuérdese el ejemplo del mar Muerto), y cuando encontramos organismos complejos de este tipo estos no evolucionaron en un ecosistema extremo, sino que se fueron adaptando a él poco a poco desde

96. Por el contrario, el neodarwinismo ha hecho justamente la predicción contraria (Maynard-Smith), es decir, una mayor evolución cuanto mayores son las fluctuaciones. Como a escala geológica gaiana las fluctuaciones han disminuido claramente (menos rayos cósmicos, menos radiactividad, aumento del control de pH, aumento de nutrientes y reciclado, etc.), también para Maynard-Smith la evolución debería ralentizarse con el tiempo, justo lo contrario a lo que observamos.

otro ecosistema (por ejemplo, el pingüino emperador, capaz de vivir durante un tiempo en el continente Antártico).[97]

La aparición de especies que pierden funciones se ha venido explicando desde la selección natural por falta, precisamente, de presión selectiva; es el clásico ejemplo de la degeneración de los ojos en animales que se adaptan a entornos oscuros. Sin embargo, la diversidad de estos casos es muy grande y cada vez se descubren más situaciones en los que la función se pierde no porque no se necesite, sino porque la ejerce otro organismo o el ecosistema, siendo un problema explicativo clásico el comportamiento del "altruista" y la posible aparición de individuos "tramposos".

Si Gaia es un organismo, su expansión se ve limitada por el tamaño de la Tierra: por la atmósfera por el lado exterior y por el manto y el núcleo terrestres en el lado interior; podemos denominar Vulcano al dominio no orgánico del interior de la Tierra. Debe existir una interacción profunda entre ambos dominios: la predicción de la Teoría Gaia Orgánica es que no solo la influencia de Vulcano sobre Gaia será tremenda (de hecho, la mayor extinción de especies en el pasado fosilizado, hace 250 millones de años, fue debida

97. Aunque los ambientes extremos estén dominados por micro-organismos con muy pocos organismos complejos, esto no significa que en estos ecosistemas no puedan operar procesos autorreguladores "gaianos". Por ejemplo, Gómez et al. 2004, analizan el ecosistema del río Tinto con perspectiva gaiana, con un pH muy ácido (2,3) y con alto contenido en metales pesados que son mantenidos por la propia actividad metabólica de los extremófilos capaces en todo caso de generar un ecosistema complejo y movilizar metales como el hierro que son un factor limitante en aguas oceánicas.

seguramente a enormes episodios volcánicos), sino que Gaia debe influir cada vez más en Vulcano.

Muy probablemente, Gaia es un factor importante en la tectónica de placas, en la diversidad geológica, en la dinámica de los continentes, etc. A lo largo de la historia de la vida de la Tierra, la predicción es que Gaia va pasando de influir en Vulcano a dominarlo (es el concepto de adaptación al medio frente al de adaptación del medio mediante tecnología). Gaia debe "jugar" con la química y la geología de los procesos metamórficos y sedimentarios en su beneficio. La predicción es que los geólogos irán descubriendo "casualidades" que beneficien a la vida sobre la Tierra. Es más: estos descubrimientos se acelerarían si se preguntaran no solo cómo influye Gaia —la vida— en los procesos geológicos que estudian, sino sobre todo *para qué* utiliza Gaia estos procesos geológicos.

Una fisiología de la biosfera, la Gaia Orgánica, invita a las preguntas: ¿para qué hace Gaia lo que observo?, ¿cuáles son sus funciones en ella?[98]

Estoy convencido de que todas las ciencias relacionadas con la biosfera y las ciencias de la Tierra: biología, ecología, geología... avanzarán pasos de gigante si parten de estas

98. Esta visión global fisiológica va mucho más allá de la ciencia básica y termina teniendo implicaciones en aspectos tecnocientíficos. Así, Timothy Lenton, al que ya hemos citado como continuador de la visión cibernética de Gaia, es un experto en las fronteras y límites que impone este "automatismo" a la acción humana. Axel Kleidon, con una visión fundamentada en la termodinámica, va más allá y se acerca a una visión más fuerte de Gaia. Su equipo del Max Planck y el mío de la Universidad de Valladolid, fuimos

preguntas. También espero que puedan servir de herramienta conceptual y emocional a todas aquellas personas que estamos muy preocupadas por la marcha de esta civilización y por su choque, ya histórico, con los límites de Gaia.

los primeros en publicar una visión menos optimista del potencial eólico para la producción eléctrica precisamente por la interacción con Gaia y los limitantes termodinámicos. Kleidon y su equipo han seguido insistiendo en que la energía del viento, al formar parte del sistema climático de la biosfera, debe tener un límite a su explotación humana. Nosotros publicamos los menores límites tecno-sostenibles precisamente porque mi visión de Gaia orgánica me llevó a la idea básica de que las energías que llamamos renovables son las que usa mayoritariamente Gaia, y al modo en que interactuamos hoy supondrían una competencia excluyente más que una integración compatible con ella. Aunque las empresas de energías renovables tienen en su mayoría quizás una mayor sensibilidad por los impactos al entorno que otras fuentes, los impactos se analizan hoy a una escala local, pocas veces a escala regional y casi nunca a escala gaiana.

Epílogo.
Organicismo gaiano versus mecanicismo neodarwinista

Empecé a replantearme el neodarwinismo siendo preuniversitario, tras visionar un documental que trataba de las orquídeas de la selva amazónica. A la vez que transmitía una sensación de belleza y complejidad asombrosa, el documental efectuaba su relato en términos de selección natural y neodarwinismo.

Cuando se contrastan las leyes admitidas por la biología y sus ecuaciones matemáticas con las leyes de la física, es fácil caer en la cuenta de que las hipótesis y leyes de la primera son sorprendentemente sencillas frente a las de la segunda. Es verdad que la física ha tenido un desarrollo histórico más largo y quizás por ello se ha matematizado de una forma mucho más compleja, pero el objeto o sujeto de lo que se describe en física es muchísimo más sencillo que el objeto o sujeto de los biólogos. Fenomenológica e intuitivamente y por mi "sentido común", no me encajaba que, con leyes tan sencillas y pequeñísimos cambios unidos a la contingencia, 3.000 millones de años fuesen suficientes para que a través de reacciones químicas simples se pudiera llegar a la orquídea.

Cuando entré más en profundidad en la cuestión ya había leído tanto El gen egoísta de Richard Dawkins (1976) como *Gaia: una nueva visión de la vida sobre la Tierra* de James Lovelock (1979). Ambos me impresionaron, aunque no observé la contradicción entre ellos hasta años más tarde. En todo caso fui acumulando evidencias que en mi opinión apuntaban a la incompletitud del neodarwinismo incluso desde la propia genética, y pronto me pareció obvio que la biología iba a dar un salto cualitativo y generaría una revolución al estilo de lo que aconteció con la física en el siglo pasado.

Con insatisfacción con el neodarwinismo me refiero tanto a un rechazo más o menos frontal por parte de científicos de distintas disciplinas, incluidos teóricos evolucionistas, como a los intentos de "completitud" de la teoría por múltiples vías, incluidas la termodinámica y la propia teoría Gaia defendida por Lovelock. El listado de objetores se mide hoy en centenares de científicos, al menos de los que tengo recopilada información de forma directa o indirecta en ese sentido. El rechazo frontal es todavía hoy minoritario[99], en especial a la parte referida al concepto de selección natural, y lo que buscan la mayoría de los autores es hacer compatible con las nuevas ideas la interpretación que se ha hecho tradicionalmente de la teoría de Darwin.

99. Citemos aquí a Máximo Sandín (Sandín 2006) y a Robert Reid (Reid 2007). Sandín, además de tratar de romper el mito del personaje histórico de Darwin y de plantear mil dudas razonables al neodarwinismo y la selección natural a la luz de los descubrimientos, sobre todo genéticos, de las últimas décadas, hace un replanteamiento bastante coherente con la teoría aquí defendida del papel "sistémico" que tienen los virus y lo que él denomina "integración de sistemas complejos" (aunque su integración no eleva a categoría orgánica a Gaia de forma explícita). Reid, trata de elaborar una nueva perspectiva en la que la selección natural solo juega un papel corrector de defectos y no de la creación de novedad que requeriría una teoría evolutiva biológica que él basa en la capacidad de "experimentación" que tienen los organismos. En https://www.thethirdwayofevolution.com/ el lector podrá encontrar a otros autores.

También hay historiadores, filósofos y biólogos que ven incompleta la teoría evolutiva estándar (MS o síntesis moderna) en algunos de los términos discutidos aquí. Por ejemplo Kevin Laland, tras décadas de insatisfacción, trató de complementar y extender la síntesis moderna con lo que denominan EES (síntesis evolucionaria extendida) (Laland et al. 2015). En lo que nos ha ocupado aquí, la EES se compara con la MS en dos aspectos:

1. La teoría clásica otorga una preeminencia absoluta a la selección natural, que explicaría la influencia del entorno sobre los organismos a los que obliga a adaptarse a él y a sus cambios, mientras que la EES habla de una causación recíproca entre los organismos y su entorno (es lo que añadimos nosotros con el término "tecnología").
2. Para la MS los genes son el único mecanismo de herencia transmitida con el tiempo y se rechaza que los caracteres adquiridos sean hereditarios (lamarckismo), mientras que la EES, como mínimo, admite más formas de herencia (epigenética, ecológica, psicológica, cultural) y se aproxima al neolamarckismo, añadiendo la segunda influencia que le faltaba al trinomio de Prigogine.

Que yo sepa, nadie ha puesto en el mismo contexto las ideas de Prigogine con estas inquietudes de compleción de estos autores (y con ellos, decenas de otros).

Por otro lado, la extensión de las teorías evolutivas tiende a detenerse en el organismo y su entorno local. Los autores que he revisado se olvidan normalmente del carácter más que físico de los ecosistemas y olvidan también, sistemáticamente, el conjunto de la biosfera. Es decir, se olvidan de Gaia y más aún de una visión orgánica de esta, a pesar de que ayudaría a cerrar el conjunto de la biología en un todo coherente a otras escalas.

RECONCILIACIÓN CON EL PASADO: GAIA A TRAVÉS DEL TIEMPO

La intuición o el sentido común de que la Tierra está viva ha estado presente en casi todas las culturas humanas en algún momento de su historia.

En las culturas de forrajeros antiguas y presentes es muy frecuente el animismo, la idea de que los seres y objetos e incluso todo el conjunto de lo que nos rodea está vivo, en virtud de un alma o un principio vital. Incluso la idea de que el propio universo es una entidad viva es bastante común en la historia humana. De aquí se suelen seguir implicaciones espirituales o religiosas que apelan éticamente a cierto respeto a los animales y las plantas. El Todo que nos rodea, en concreto la propia Tierra, sería sagrado.

Esto no es ajeno tampoco a la propia civilización occidental. En la antigüedad de nuestra cultura, griegos y romanos no solo atribuyeron un carácter de diosa a Gea o Gaia, la madre Tierra, sino que tanto Homero como Hesíodo (VIII-VII a. C.) cantaron a Gaia como la diosa primera y primordial, dadora de toda la vida, incluida la de los demás dioses. Posiblemente, los griegos tomaron mitos relacionados con la diosa madre de la fertilidad de las culturas indoeuropeas previas; quizás también tomaron de la tradición védica la idea del agua como principio o fuente vital de todas las cosas (tradición que influiría también en el hinduismo y, como consecuencia, en todo Oriente). O habrían tomado elementos de la tradición egipcia por medio de Hermes Trismegisto, cuya influencia mítica llegaría hasta bien entrada la modernidad a través de los alquimistas[100].

El "primer científico", Tales de Mileto (VI a. C.), es de los primeros filósofos en buscar causas para los fenómenos naturales sin tener que remitirse al mundo de las divinidades. Tales sostiene que el principio de todo es la materia animada viva (la asocia al agua), impulsada por fuerzas internas hacia su propia transformación, y compara la Tierra con un animal. Para Anaximandro (VI a. C.) los animales proceden del agua (o del limo), de donde pasaron a la tierra. Los humanos procederíamos de otras especies más resistentes (peces o similares), claro precedente de la idea de evolución orgánica. Anaxímenes (VI a. C.), cuyo principio vital es el aire, lo asocia a la respiración del mundo. Pitágoras y su escuela (VI-V a. C.) consideran a la Tierra como un ser integral, vivo e inteligente. Hipócrates (V-IV a. C.) expresa que hay una respiración común y que todas las cosas están en simpatía. Y Aristóteles (IV a. C.), el "primer biólogo", afirma que lo que está vivo lo está por el alma y no por la materia.

Las ideas más o menos animistas no mueren en el Renacimiento. A finales del siglo XV Leonardo da Vinci (1452-1519) propone analogías sugerentes y escribe que la sangre es el agua y la carne es la tierra, comparando la Tierra con un cuerpo humano. Para él, la naturaleza tiene propósitos

100. Esta especulación de influencias de unas culturas en otras podría ser también contemplada como una retroalimentación, pues hablamos de periodos que abarcan siglos en los que las ideas circulaban en todos los sentidos.

e incluso un espíritu que la hace crecer. Para William Gilbert (1544-1603), redescubridor de la brújula, la Tierra es un organismo con una especie de instinto de supervivencia. Johannes Kepler (1561-1630), el astrónomo, la trata en sus escritos como si estuviese viva. Acabando ya el siglo XVII, el mismo Isaac Newton (1642-1727), a la vez que fundamenta los pilares de las ciencias físicas, sigue la tradición alquimista y visualiza la Tierra como un gran animal que respira éter para su renovación y fermento vital. El mecanicismo, el reduccionismo y la cosificación de la naturaleza que se llevan a cabo en el siglo XVII, y que el éxito de los físicos y los astrónomos ayuda a construir de forma ambivalente, no eliminan las ideas organicistas en los siglos XVIII y XIX, aunque las van arrinconando cada vez más[101].

101. Los mitos siguen funcionando en el siglo XXI, y parecen ser consustanciales al ser humano mientras le quede imaginación. Así, aún asociamos a la época medieval las brujas y el ataque que sufrieron por parte de las instituciones, etapa de la historia europea que seguimos identificando como oscura cuando, en realidad esto es completamente falso, ya que se asesinó a más de cien mil mujeres por brujería o causas similares en el Renacimiento y en la Edad Moderna, y no en la Edad Media.

De igual forma hoy vemos como mitos, metáforas en el mejor de los casos, el organicismo o la idea de la biosfera como un organismo, sin darnos cuenta de que ver la biosfera como una cosa o un mecanismo es otro mito (o una metáfora en el mejor de los casos).

Recuadro 5. La ambivalencia griega

En La odisea de Occidente, Jordi Pigem remarca que los griegos y sus mitos comienzan ya a dejar de lado la visión de la Tierra como un organismo sagrado. Estamos ante la tradicional discusión sobre el paso del mito al logos, que en realidad es un proceso amalgamado y nunca acabado.

Los mitos griegos ayudan precisamente a instaurar los paradigmas y cosmovisiones que hoy siguen con nosotros, también en el ámbito científico. Con ellos nace la "dialéctica", que no busca ya la verdad, sino vencer las tesis del contrario. Comienza el mito del progreso dirigido hacia el poder que generan la ciencia y la tecnología, aunque ese poder se deba manejar con cuidado, pues puede resultar peligroso. Son mitos de este tipo, por ejemplo, el de Prometeo —un Atlas—, que nos da la ciencia y el fuego destructor y por ello los dioses nos castigan a través de la primera mujer, Pandora; o el de Dédalo, el gran arquitecto, que escapa volando de su prisión con su hijo Ícaro.

Son Platón y Aristóteles los más influyentes, los que fragmentan el mundo y desacralizan "la parte" natural. Y aunque siguen viendo el mundo como algo vivo, en el siglo XVII Descartes amplía el racionalismo de Platón y Francis Bacon desarrolla el empirismo de Aristóteles.

Ese arrinconamiento de la naturaleza es paralelo al de la mujer y marca nuestra historia. Es una rareza la Escuela de Pitágoras, que acepta a mujeres matemáticas brillantes, mientras que los mitos nos cuentan historias de héroes masculinos. No creo que sea casual que la mayoría de los monstruos o enemigos a los que se enfrenta Heracles (Hércules) sean personajes femeninos. Las criaturas femeninas monstruosas abundan: las Furias (enemigas de Orestes), las Parcas o Moiras, las Grayas o Greas, las Gorgonas, las Harpías, la Quimera, la Equidna, las Sirenas, las Amazonas (derrotadas por la inteligencia y no la fuerza bruta por tres héroes: Hércules, Aquiles y Belorofonte). También son frecuentes los mitos asociados a la manzana de la discordia, las violaciones de Zeus a Leda, Europa y tantas otras...

La diosa Gaia, feminista y cuidadora de sus hijos frente a las injusticias de su esposo, queda clasificada entre los dioses Atlantes derrotados por los Olímpicos.

Así, y por otro lado, será Pico della Mirandola (1436-1494) quien, con la pretensión de dignificar al ser humano, lo endiosa a la vez que minimiza esa naturaleza viva y comienza a ver a Dios como "arquitecto", quien se imagina que se dirige al hombre en estos términos: "Tú no tendrás límites...Te colocaré en el centro del universo, de manera que te sea más fácil dominar tus alrededores... De tal manera que podrás transformarte a ti mismo en lo que desees..." (Mirandola 1486).

Los paradigmas de la ciencia y su cosmovisión asociada tienen mucho que ver con pensamientos como los siguientes:

> "Debemos hacer lo posible por establecer y extender el poder y el dominio de la raza humana sobre el universo"; "La propia ciencia es poder". Francis Bacon (1561-1626).
>
> "He descrito a la Tierra y al universo entero a la manera de una máquina"; "La nueva ciencia teórica y práctica servirá para hacernos señores y poseedores de la naturaleza". René Descartes (1596-1650). (En Castro y Capellán [2019] hacemos un repaso de estas ideas y sus consecuencias sobre la ciencia y la sostenibilidad civilizatoria).

Estos paradigmas de la cosificación de la naturaleza, del mecanicismo, del reduccionismo, del determinismo, del poder de la ciencia y la tecnología sobre la "máquina-naturaleza" y de la visión de Dios como un genial ingeniero que podemos imitar se instalan por entonces como nuevos mitos o metáforas presupuestas. Tienen su apogeo en el siglo XX y también en lo que llevamos de este. La prueba son las resistencias inconscientes pero míticas con las que algunos científicos (e incluso filósofos) rechazan teorías no ya porque no encajen con lo que se pide a una ciencia desde el punto de vista del "método científico", sino porque no encajan con los citados paradigmas o metáforas del mundo.

En definitiva, desde el Renacimiento coexisten dos visiones distintas del mundo: el *organicismo* (la visión orgánica de las "cosas-procesos"), que es la visión antigua y que perdura aún hoy, frente al *mecanicismo*, que es la visión que surge paulatinamente con el avance tecnocientífico y la Revolución Industrial.

Los primeros autores cabalgan sobre las dos visiones del mundo simultáneamente. Por ejemplo, Kepler y Newton en las ciencias físicas y luego Lamarck y Darwin en las biológicas no dejan de avanzar en la metáfora mecánica del mundo, pese a que no abandonan nunca la visión orgánica.

En el siglo XVIII James Hutton propone crear una nueva ciencia: la "fisiología" de la Tierra – lo que da lugar al nacimiento de la geología moderna - y trabaja con conceptos de la Tierra no alejados de la idea de superorganismo (por ejemplo, la Tierra, sostenedora de las plantas y animales, puede ser nombrada con el término "mundo viviente" —living world—). Hutton nos resulta confuso, pues se supone que es agnóstico a la vez que trata a la Tierra como un mecanismo complejo con un propósito claro: la habitabilidad de los seres vivos y en especial del hombre. Todo en la Tierra se enfoca a ser habitable para el ser humano, pero no deja claro si ese diseño procede de un agente externo (¿Dios?, ¿de un agnóstico?) - en cuyo caso sería un precedente claro del acientífico diseño inteligente - o si procede de un agente interno inconsciente (¿la naturaleza?). Si nos inclinamos por esto último, se trata de un claro precedente de James Lovelock y su visión más cibernética de Gaia.

Aunque Hutton no asigna a los seres vivos un papel tan preponderante como controladores en la habitabilidad del mundo como el primer Lovelock y su hipótesis Gaia, su propuesta sí se parece más a lo que en el lenguaje actual diríamos de la formación de un sistema compuesto de partes acopladas (los vivientes serían una de ellas, pero no estarían a cargo de ese propósito o control, sino que se encargaría el propio conjunto o "naturaleza") que terminan generando la habitabilidad, lo que para Lovelock será su denominada teoría Gaia. Hutton contrasta, de hecho, ambos extremos, de modo que parece que los critica a ambos: el mecanicismo basado solo en la idea de fortuna, de contingencia, y el aparente desorden y confusión que generarían, contra el diseño inteligente de un Dios externo. Me quedaría con la interpretación de mecanismo de la propia naturaleza cuando termina afirmando que en la naturaleza hay sabiduría, sistema y consistencia (Hutton, 1788; García Cruz, 2007).

A finales del siglo XIX Eduard Suess (1831-1914) acuña el término "biosfera", que luego ampliará y utilizará en el sentido moderno Vernadsky en ideas científicas que preceden a las de la hipótesis Gaia de Lovelock. Y, en el siglo pasado y lo que llevamos de este, la visión mecánica no ha hecho más que avanzar en detrimento aparente de la visión orgánica. En las ciencias biológicas, triunfa el neodarwinismo, exponente máximo del mecanicismo, y tan solo visiones no científicas —como el creacionismo religioso, la interpretación más o menos literal de la Biblia— parecen oponerse a él.

Sin embargo, durante la primera mitad del siglo XX, Vernadsky sienta ya las bases científicas de la visión que luego —sin saberlo— expandirá Lovelock, eso sí, desde el mismo paradigma mecanicista. Para Vernadsky:

- La biosfera proporciona entornos adecuados para la existencia de la vida.
- La vida no es un desarrollo accidental de la superficie terrestre, sino que está íntimamente relacionada con sus propiedades y forma parte de sus mecanismos.
- Son estos mecanismos que desarrolla en la superficie terrestre los que le permiten sobrevivir. La vida se necesita a sí misma para mantenerse viva.
- Los seres vivos son como minerales en movimiento.

En 1934 aparece un artículo de Alfred C. Redfield (Redfield, 1934) en el que se trabaja el control del nitrógeno y del fósforo en los océanos, que amplía en 1958 (Redfield, 1958) hablando ya de control homeostático del nitrógeno y del fósforo ligados al oxígeno en el océano. Paradójicamente, no se toman entonces ni después como "mecanismos" válidos de la hipótesis o la teoría Gaia.

Pocas décadas más tarde surgieron los trabajos de Lovelock y Margulis.

A día de hoy, el hecho de que ha tenido lugar una evolución orgánica tiene pleno sentido de realidad observacional, y ya no hablaríamos meramente de teoría. Seguimos hablando de teorías para explicar el cómo de ese hecho observacional: selección natural, neodarwinismo, neolamarckismo, etc.

Pero aunque muchos biólogos tiendan a asumir que la selección natural es un hecho observacional, la teoría de la selección natural achacada a Darwin no lo es (lo que significa y cómo se interpreta esa observación). Así, Margulis dirá que la selección natural es la selección que hace Gaia, o algún científico dirá que la selección natural es un mecanismo secundario en la evolución para eliminar defectos, o que esta es el mecanismo principal, si no único, para explicar los hechos de la biología, o incluso que la selección natural no es una teoría científica porque es tautológica (varios autores apuntaron esto a lo largo de la historia desde el mismo siglo XIX, pero sigue expresándose aún hoy), etc.

Apuntes de filosofía de la ciencia

La ciencia es el conocimiento del "como si". Por ejemplo, decimos que es como si un electrón orbitara en torno a un núcleo atómico. Tenemos "imágenes" científicas del mundo que nos rodea que tratamos de explicar, y pensamos que el mundo funciona como si esas imágenes fuesen el propio mundo. En el fondo, todo son metáforas.

Ver una célula como una máquina compleja es una metáfora. Como lo es también verla como un organismo. Preguntarse cuál de las dos metáforas es la real no tiene sentido; lo que tiene sentido es preguntarse cuál explica mejor los hechos que observamos y cuál permite predecir hechos aún no observados.

La ciencia moderna, desde su nacimiento, ha intentado explicar el mundo con dos metáforas diferentes: la visión del mundo *como si* fuese una máquina y la visión del mundo como si fuese un organismo. El mundo-máquina es un conjunto de visiones (paradigmas) o submetáforas que utilizamos, además, como herramientas metodológicas para tratar de comprenderlo. Las submetáforas del mundo-máquina son el *reduccionismo*, el *determinismo* y la *reversibilidad.*

El reduccionismo es la idea de trocear el mundo en partes, como piezas de un rompecabezas, trabajar con cada una de ellas y luego limitarse a juntar las piezas.

El determinismo es la idea que parte de suponer que existen leyes —matemáticas— que determinan el comportamiento del sistema "reducido", es decir, pensar que los sistemas reducidos se comportan de una forma perfectamente determinada y predecible.

La reversibilidad es la idea de que las leyes matemáticas en las que el tiempo juega un papel importante son las mismas si el tiempo va del pasado al futuro o a la inversa.

La teoría evolutiva clásica encaja como un guante en esta visión del mundo como reloj mecánico. Podemos "reducir" el comportamiento de un ser vivo a un sistema de mecanismos bioquímicos, "determinado" por la secuencia gen, proteína, interacción con el medio. No hay propósito en estas máquinas. La evolución no tiene ningún propósito. Lo que observamos son mutaciones y evolución aleatoria, "reversible".

Es obligado reconocer que la ciencia ha cosechado muchos éxitos con esta visión y esta forma de aproximarnos al conocimiento de los hechos. Newton y su teoría de la gravitación sería el ejemplo clásico de visión mecánica que comenzó con la "revolución copernicana": reducción —la Luna y la Tierra como masas esféricas en interacción—, determinismo —predicción exacta del próximo eclipse— y reversibilidad —los planetas podrían perfectamente orbitar al revés y todo sería igual—.

Las visiones del mundo que refuerza el paradigma mecanicista, en especial la revolución de Darwin, han servido y siguen sirviendo para explicar y justificar comportamientos humanos (sociobiología), políticas extremas (eugenismo) y ciertas visiones de la economía (el capitalismo). En este sentido sería interesante contrastarlas con una teoría marcadamente organicista como la que aquí se propone.

PARADIGMAS EN EVOLUCIÓN

Creo ahora que la biología y la ecología, y también todas las ciencias que se entrelazan con la biosfera, están en un momento oportuno para un cambio de paradigma científico. De producirse, este cambio sería comparable en importancia al que supusieron hace un siglo las teorías de la relatividad y de la cuántica. Es más: para aspectos globales, las ciencias "biosféricas" podrían fundirse en una teoría que podríamos denominar biogeofisiología o fisiología de la biosfera. Al igual que en física se han ido integrando las fuerzas y energías en una teoría unificada, denominaría "teoría integral" a una teoría que unificara los procesos biológicos con los físicos, en la que la parte más biológica sería la Teoría Gaia Orgánica. Nótese que el término "fisiología" lo hemos empleado aquí en su sentido actual referido a "cuerpos orgánicos", y no en su sentido etimológico empleado hasta el siglo XIX de "ciencia natural". Por lo demás, hablar de fisiología de la Tierra no es algo nuevo puesto que, al menos en términos metafóricos o en referencia a un "cuerpo organizado", esta denominación se viene empleando desde hace siglos[102].

Creo, además, que estas ciencias están maduras para aceptar un cambio de paradigma no solo porque los avances teóricos y observacionales acumulados en estos últimos dos siglos deberían ser ya suficientes para generar una revolución

102. Georg Ernst Stahl (1660-1734) introduce el término "organismo" en 1706 para oponerse al mecanicismo. *Disquisitio de mechanismi et organismi diversitate*. Su visión es animista. En García Cruz (2007, pág. 83).

"cuántica" en la biología. Lo estarían también porque hoy muchos científicos, filósofos, historiadores y la sociedad en su conjunto estamos debatiendo la necesidad de cambios profundos en nuestra relación con esa "fisiología terrestre".

Por otra parte, las ciencias químicas y después las biológicas (¿y las sociales?) han seguido los pasos que siguió la física. Hoy día no son los ecólogos quienes explican la evolución desde el neodarwinismo, sino los bioquímicos. Pero lo llamativo del caso es que desde comienzos del siglo XX se ha ido produciendo una revolución de las metáforas empleadas en la física. Los físicos vieron sistemas complejos —mucho más sencillos que los que usan los biólogos— que no encajaban en la anterior visión. Así, nació la teoría cuántica, que muestra que los sistemas no son deterministas, y que no podemos reducirlos porque no podemos separar el observador de lo que trata de observar. Llegó también la termodinámica —Prigogine y sus sistemas lejos del equilibrio— y se dio cuenta de que todos los procesos son irreversibles, de que ocurren "emergencias" en los sistemas que hacen que no exista la marcha atrás, de que en los procesos físicos existe direccionalidad.

Es decir: la física actual se mueve también con nuevos paradigmas o metáforas: composicionismo[103] y holismo y no solo reduccionismo; incertidumbre e indeterminación y no solo determinación; irreversibilidad y emergencia y no solo reversibilidad. Es la vieja y precientífica visión del mundo-organismo: el *holismo*, el *indeterminismo* y la *emergencia*.

103. La cibernética, la Dinamica de Sistemas, las teorías generales de sistemas dinámicos, etc., serían composicionistas. El composicionismo sigue troceando en partes *el todo*, pero se fija especialmente en sus interacciones y lo que surge de ellas.

Pero ¡qué paradoja! La biología, que nació con una visión orgánica, ha viajado, conducida por el neodarwinismo, hacia la visión mecánica; en cambio, la física, nacida directamente de la visión mecánica, ha viajado hacia la visión orgánica. Esta paradoja se resolverá cuando la biología haga de nuevo el viaje de vuelta —sin que, por supuesto, lo haga la física—. Un viaje que se pretende reiniciar a partir de Lovelock y Margulis precisamente con la teoría evolutiva de Gaia como organismo holista: serán, pues, la ecología y la fisiología las disciplinas más adecuadas para explicar la evolución de las especies y de Gaia, y no la bioquímica.

Es posible pues que estemos ante un cambio de paradigma de mayor calado aún que el que supusieron Jean-Baptiste Lamarck (1744-1829) y Charles Darwin (1809-1882), y la analogía con la física habría que buscarla más atrás: en la revolución copernicana.

Cuando Kepler refinó la teoría de Copérnico (heliocentrismo) se rompieron las viejas teorías, así como la cosmovisión y los paradigmas científicos anteriores. Durante bastante tiempo, en vez de aceptar la teoría de Copérnico, los hechos observacionales astronómicos que no encajaban bien con la idea de que todo giraba alrededor de la Tierra (geocentrismo) o bien se ignoraron o bien se trató de completar el geocentrismo añadiendo mayor complejidad a la descripción de las órbitas de los planetas. Fueron los denominados *epiciclos*. Añadiendo epiciclos, cualquier hecho observacional astronómico podía encajar en la teoría, con lo que dejó de ser una teoría científica como hoy la entendemos porque dejó de ser *falseable* (no se podía refutar).

Finalmente el geocentrismo fue abandonado en favor de la teoría de Copérnico-Kepler no por su invalidez teórica, sino por su invalidez práctica: el heliocentrismo hacía mucho más sencillas las explicaciones y las predicciones y el geocentrismo no predecía ya con la exactitud que requerían las nuevas observaciones. No ignoremos, en todo caso, que en nuestro lenguaje cotidiano y en muchos de los cálculos que hacemos aún es "como si" la Tierra estuviese quieta y el Sol, la Luna y los planetas se movieran a su alrededor. Podríamos decir hoy que la "metáfora" o analogía de considerar que la Tierra está quieta sigue siendo un recurso útil en muchas ocasiones. Esto es interesante, porque en ciencia se tiende a minimizar o a rechazar el lenguaje analógico o metafórico, cuando de hecho todo lo que construimos los humanos son modelos analógicos o metafóricos de una realidad que ni siquiera hoy sabemos si existe más allá del observador consciente[104].

En este sentido, y un tanto irónicamente, he hablado de "epiciclo" para aludir a los casos en los que las teorías clásicas de la evolución biológica añaden complejidad para cuadrar hechos observacionales que no se habían previsto o incluso cuando se había hecho la predicción contraria. En cierto sentido, algunos neodarwinistas han convertido su teoría en infalseable, lo cual la invalida como teoría científica, y la han transformado en una fe que se identifica con un hecho observacional. De nuevo por analogía: hace 600 años, las ideas de que la Tierra

104. Reto al lector a que me explique qué es un "átomo"; "la base material de casi todo", dirán muchos, y cuando lo hagan se darán cuenta de que estarán utilizando metáforas o analogías, "como síes". Es más: salvo que sea físico, posiblemente su modelo mental se parecerá al modelo de Bohr de hace más de un siglo y no al que tenemos ahora, ciertamente poco fácil de imaginar y fuera de nuestro sentido común.

era plana o esférica (o cilíndrica) podrían considerarse diferentes teorías; hoy ya no hablamos en esos términos, pues damos por hecho observacional que la Tierra no es plana —aunque a escala local pequeña sea una buena aproximación—.

RESISTENCIAS

A un físico que se acerque al neodarwinismo como una teoría más de la ciencia le resultará extraño que muchos biólogos se conformen solo con matizar una teoría con tantas "nubecillas negras", y no intenten superarla. Un científico se extrañará de que cualquier teoría propuesta que pueda verse como contradictoria o claramente distinta al neodarwinismo prefiera ignorarse o se la ataque sin más, como fue el caso de la hipótesis Gaia inicial de Lovelock, que tenía que ser falsa porque parecía contradictoria con el neodarwinismo (no porque predijera cosas erróneas). En este sentido, muchos teóricos evolucionistas parecen haber perdido la noción de que una teoría es un modelo: no una verdad, no un dogma[105].

Sin embargo, la ruptura de paradigmas "clásicos" en el caso de la biología está costando mucho más tiempo que en otras ciencias, tanto por razones intrínsecas a la complejidad de los sistemas implicados como por razones de contexto histórico. Frente a las pocas décadas que costó romper con el paradigma "newtoniano" en física una vez que se encontraron un par de "nubecillas negras", el paradigma "darwiniano" en biología acumula bastantes más "nubecillas"

105. Parte de la culpa posiblemente venga de su lucha durante ya más de siglo y medio de oposición al acientífico creacionismo y sus derivados como el diseño inteligente, en especial en Estados Unidos.

y sin embargo aún no hemos sido capaces de romperlo con teorías al estilo de la relatividad o de la cuántica[106].

Estableciendo de nuevo una analogía con la historia de la física, la idea sería que buscaríamos completar las leyes de Newton con, por ejemplo, las leyes de Maxwell. En este sentido, la ruptura de la que hablo es mayor, pues la teoría de Newton no se completa con la teoría de la relatividad general de Einstein, aunque las leyes de Newton se puedan deducir como buena aproximación a bajas velocidades y poca masa de las ecuaciones de Einstein. En realidad, la teoría de la relatividad no es compatible con la de Newton, porque se parte de conceptos y presupuestos distintos, y cuando pretendemos que lo sean, entramos en contradicción. Por ejemplo, para un observador quieto que mira la luz que sale de un cohete, la velocidad de la luz se sumaría a la velocidad del cohete en el mundo de Newton; en cambio, en el mundo de Einstein —y las observaciones son consistentes con él—, la velocidad de la luz en el vacío es constante tanto para el observador quieto como para el astronauta que va en el cohete.

Por tanto, podemos afirmar que la teoría de Newton ha sido descartada o falseada por los hechos observacionales. Pero esto no significa que los profesores de física no sigamos utilizando las leyes de Newton en nuestras clases, y la razón es que siguen funcionando aceptablemente bien para muchas observaciones cotidianas.

106. Lord Kelvin dijo a finales del XIX que, salvo dos nubecillas negras —el problema del éter y la radiación de Planck—, la física ya estaba totalmente despejada y hecha: el problema del éter fue resuelto con la Relatividad de Einstein; la radiación de Planck dio lugar a la física cuántica, a la que contribuyeron decenas de físicos.

GAIA COMO ORGANISMO DE PLENO DERECHO

He defendido que la teoría de la evolución de Gaia como organismo es científica.

He mostrado explicaciones del mundo desde la visión de la nueva teoría, como el ejemplo del bosque de álamos que en realidad era el superárbol Pando. He mostrado ejemplos de observaciones que encajan bien con la teoría, como el aumento acelerado de la complejidad en Gaia, al tiempo que decía que esta observación era contradictoria con lo que se esperaría del neodarwinismo.

Que Gaia sea un organismo —y como tal, necesariamente con fines y propósitos que le pertenecen a ella y que emergen de ella— puede ser aceptado por muchos científicos como una simple metáfora, pero ir más allá se sale, para ellos, del ámbito científico. Esta reflexión nos lleva, de nuevo, a las raíces filosóficas de la misma ciencia.

¿Qué caracteriza a un organismo como tal? Esta pregunta es casi tan difícil como la de qué es la vida y qué decimos que está vivo. Algunas características que todos pensamos de los organismos: los seres vivos se reproducen, se autorreparan, tienen metabolismo propio y reciclan la materia. Yo añadiría dos más: evolucionan y, como consecuencia de las anteriores, son seres teleológicos, es decir, sus funciones de reproducción, de autorreparación, de metabolismo y de reciclado tienen fines y propósitos, no son simples productos aleatorios y reversibles, se hacen *para algo*.

Así, la mayoría de los biólogos no ven a los virus como seres vivos, como organismos, porque, aunque los vemos reproducirse, no se autorreparan, ni reciclan la materia, ni tienen metabolismo; tres funciones que consideramos esenciales. En cambio una bacteria es un organismo porque cumple todas las funciones anteriores. Un ser humano también, y es más complejo porque es capaz de autorrepararse mejor —incluso de evitar tener que hacerlo—, su cuerpo recicla la materia más y mejor —más eficientemente—, su metabolismo es más complejo y sus características teleológicas son obvias. ¿Y un hormiguero? También cumple todos los requisitos anteriores: luego es un ser vivo, un organismo.

¿Y Gaia? Para Gaia no es obvio que exista la reproducción, pero tanto la hipótesis de la panspermia —la idea de que la vida no surgió en la Tierra, sino que vino ya formada en comunidades de bacterias y virus— como el hecho de que, según se ha demostrado, los líquenes y otros organismos puedan sobrevivir en las condiciones del espacio exterior permitirían aventurar la idea de que formas de vida terrestre colonicen otros planetas de la galaxia, lo que con el tiempo daría lugar a nuevas Gaias; una forma, pues, de reproducción. Pero, en cualquier caso, un organismo no tiene por qué reproducirse en cualquier momento para serlo: un bebé o una hormiga obrera son dos ejemplos de seres vivos que no se pueden reproducir —pero "los han reproducido"—.

¿Y qué pasa con las demás funciones o propiedades de Gaia?

Gaia tiene metabolismo propio, uno muy sutil y complejo capaz de regular la salinidad de los océanos, el pH de aguas y suelos, la concentración de oxígeno y dióxido de carbono en la atmósfera y el mismo clima del que "disfruta". De hecho, la hipótesis de Lovelock nació con estas observaciones.

Como ya dijimos, Gaia recicla la materia, de hecho, mejor que la mayoría de los organismos; tan bien que Margulis creyó que Gaia no era un organismo porque "ningún organismo vive de sus desechos", lo que supondría un 100 % de reciclado. Pero el reciclado de Gaia no es perfecto, por muy grande que sea.

Gaia se autorrepara, y las pruebas vienen precisamente de catástrofes de escala planetaria, como la caída de grandes meteoritos, que provocaron extinciones masivas. Gaia perdía momentáneamente el control del clima y de sus procesos metabólicos; sin embargo, en pocos millones de años se reparaba y, además —lo que demuestra que es un "ser"—, Gaia volvía a su estado anterior, con distintas especies y ecosistemas, pero con las mismas funciones metabólicas —el clima anterior, el pH anterior, el oxígeno anterior, etc.— y la misma capacidad de reciclar materia.

Gaia también evoluciona, en el sentido que definimos aquí, hacia un aumento de la complejidad.

Con todas estas características, se sigue que Gaia también es teleológica, que es un organismo de pleno derecho.

Conclusión

La ciencia será una disciplina especial frente a otras formas de conocimiento si las hipótesis y teorías que elabora están siempre dispuestas a ser mejoradas o incluso rechazadas. En física, las ideas de la relatividad o de la cuántica no fueron combatidas por el mero hecho de que contradecían las ideas de Newton. Y en la cosmología actual seguimos poniendo a prueba las teorías de la relatividad y de la cuántica y se elaboran nuevas teorías que tratan de superarlas.

A lo largo de estas páginas he mostrado una serie de cuestiones que no son compatibles o fáciles de explicar con el neodarwinismo, he realizado observaciones y he señalado hechos que requieren demasiados "epiciclos" desde la teoría actual o que llegan incluso a demandar la elaboración de teorías nuevas.

Desde el punto de vista histórico veo también en el eventual cambio de paradigma hacia una Teoría Gaia Orgánica una fuerte analogía con el desarrollo de la física cuántica, con aportaciones de muchos físicos incluyendo aportaciones esenciales como la de Albert Einstein (1879-1955) o Max Planck (1858-1947), que serían equivalentes a las aportaciones de Lovelock y Margulis. Fueron otros como Niels Bohr (1885-1962) o Werner Heisenberg (1901-1976) los que buscaron una interpretación "hasta las últimas consecuencias" de las ideas iniciales.

El trabajo que someto aquí a discusión se adscribiría, en este sentido, al tipo de escuela a la que pertenecieron Bohr y Heisenberg. Ojalá la biología, la ecología y otras ciencias del Sistema Tierra estén preparadas para generar esas docenas de investigadores brillantes que requirió establecer la física cuántica como hoy la conocemos.

ANEXOS

Anexo I
Planetas de margaritas y mariposas

Lovelock respondió a algunas críticas a su hipótesis Gaia creando un modelo de ordenador que denominó Daisyworld (Watson y Lovelock, 1983).

Daisyworld es un planeta gris imaginario poblado por dos clases de margaritas: blancas y negras, de tal forma que las blancas tienden a enfriar el planeta al aumentar la cantidad de luz del Sol reflejada y las negras hacen lo contrario. Las margaritas tienen una temperatura de crecimiento óptima que van perdiendo según se va alejando de ella la temperatura local que experimentan. Esta temperatura óptima la escoge Lovelock; es de 22,5 ºC y permanece constante a lo largo de la simulación del modelo. El resultado, para ciertos parámetros físicos, es que las poblaciones de margaritas se autoajustan y la temperatura queda regulada en unos valores adecuados para las margaritas, a pesar de que la luminosidad del Sol va aumentando con el tiempo y la temperatura de ese mundo-modelo sin margaritas seguiría ese aumento.

Esta regulación de la temperatura se considera una propiedad "gaiana" que surge de la dinámica de poblaciones y de la interacción de las margaritas con su entorno.

He traducido las ecuaciones del modelo al lenguaje de *dinámica de sistemas*. Esto tiene una ventaja sobre la forma de integrar que Lovelock y la mayoría de los que han hecho "daisyworlds" han empleado, y es que añadir cambios de parámetros e incluso correr simultáneamente multitud de modelos es relativamente sencillo desde las plataformas de dinámica de sistemas; además, utilizar el lenguaje de dinámica de sistemas también es más didáctico que presentar un conjunto de ecuaciones matemáticas acopladas. En la figura A.1 podemos ver el resultado sobre la temperatura del modelo original de Daisyworld en un programa de dinámica de sistemas (por supuesto, da las mismas curvas que a Lovelock):

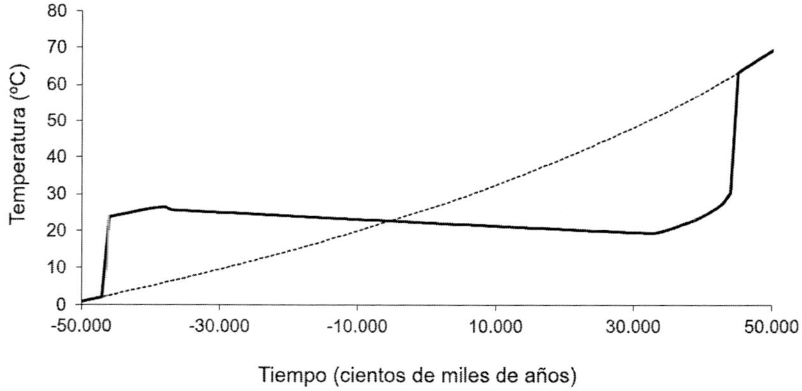

FIGURA A.1. El tiempo 0 es cuando la luminosidad del Sol es la misma que la del nuestro. Esta se hace variar simulando la evolución que sigue nuestro propio Sol. Vemos cómo la temperatura de Daisyworld queda regulada alrededor de los 22,5 ºC (línea continua), frente a la que habría experimentado sin la presencia de la vida (línea discontinua) por el aumento de la luminosidad del Sol. Decimos que Daisyworld es homeostático para la temperatura.

Lovelock pretende que Daisyworld es compatible con el darwinismo (según él, hay una especie de competencia y selección entre margaritas blancas y negras en su "lucha" por el espacio del planeta) y que la regulación (homeostasis) surge sin que el planeta o las margaritas planeen conscientemente cómo conseguirla. A primera vista, pues, Lovelock contesta así a las objeciones a su hipótesis Gaia, lo que le permite insistir en que Gaia es una extensión del darwinismo que lo completa.

También se hicieron modelos que introdujeron una mayor diversidad de margaritas (variaciones de color/albedo). El propio Lovelock señaló que si se añadían más especies de margaritas, el sistema se regulaba incluso mejor, lo que apoyaría la idea de que la diversidad es funcional a una Gaia homeostática. Harding introdujo niveles tróficos (margaritas, herbívoros y depredadores) para tratar de simular mejor un ecosistema real de la Tierra: las margaritas seguían regulando la temperatura.

Parecía, pues, que Daisyworld era robusto y compatible con el darwinismo.

Pero, en realidad, Daisyworld es tan simple que no tiene sentido hablar de compatibilidad con el darwinismo. Las margaritas no pueden evolucionar, no cambian, no se adaptan. Y no hay una verdadera selección natural, pues ninguna clase de margarita está mejor adaptada que la otra. Sencillamente, la mayor parte del tiempo las margaritas conviven. En un momento dado, habrá una población de margaritas blancas y otra de negras, pero ninguna estará mejor adaptada que la otra, pues si fuera así, ya que "luchan" por el mismo recurso según el darwinismo, esta iría desplazando a la menos adaptada. Si no hubiera variación de la luminosidad del Sol, no habría variación de las poblaciones de margaritas. Es decir, no hay competencia ni selección natural. Las variaciones de población de margaritas se deben al efecto indirecto que causan sobre el albedo del planeta, que hace que las negras ayuden a calentar el planeta cuando este es frío y las blancas lo contrario; pero no todos los efectos indirectos que pueden provocar los organismos se producen necesariamente de una forma tan "civilizada" (por ejemplo, las margaritas negras podrían evapotranspirar agua, como hacen las plantas reales, y producir así nubes blancas que contrarrestarían su efecto de albedo).

Algunos autores hicieron críticas parecidas. Se ha intentado dotar a Daisyworld de margaritas con comportamientos más propios del darwinismo, por ejemplo, introduciendo en el sistema "tramposos" (margaritas grises que tomen alguna ventaja por mimetizarse con el entorno o por no tener que crear pigmentos blancos o negros) o incorporando algún tipo de competencia excluyente (margaritas cuya presencia inhibe la de otras), etc. El resultado es que la regulación se sigue dando cuando se meten una a una en el modelo original de Lovelock.

Sin embargo, Robertson y Robinson (1998) fueron un paso más allá y, para hacer Daisyworld más compatible con el neodarwinismo, permitieron que las especies de margaritas pudieran cambiar su capacidad de adaptación a la temperatura a través de una especie de mutaciones genéticas. El resultado fue que si se las dejaba mutar (para producir las variaciones) y ser seleccionadas para adaptarse a la temperatura que experimentaban (hacer que su temperatura óptima se pareciera a la del entorno), la regulación quedaba totalmente destruida. Es decir, si la temperatura del planeta era de 30 ºC en un momento dado, las margaritas evolucionaban hacia alcanzar una temperatura de crecimiento óptima de 30 ºC, abandonando sus iniciales 22,5 ºC. Esto es lógico desde el neodarwinismo: las especies tienen capacidad de adaptación lenta a partir de cambios fortuitos en su genética; hemos visto que la bacteria extremófila *P. furiosus* tiene una temperatura óptima de crecimiento de 100 ºC, un claro ejemplo de lo que argumentan los neodarwinistas. Las margaritas de Lovelock no poseían una propiedad de adaptación local y solo influían con su albedo a escala global de forma indirecta; la objeción de Maynard-Smith se mantenía, pues la selección natural actuaría más sobre la temperatura óptima de crecimiento (una propiedad local) que sobre la distribución poblacional según el color de las margaritas.

Pero ya hemos argumentado que un mundo de mares hipersalados o de agua hirviente podría albergar vida, aunque mucho menos diversa y más escasa. Hay factores físico-químicos limitantes que restringen la capacidad de adaptación. No vale adaptarse a cualquier temperatura, en el mundo real no hay margaritas capaces de vivir en entornos "extremos"; por tanto, hay que limitar la capacidad de adaptación. Lenton y Lovelock (2000) respondieron a los modelos de Robertson y Robinson limitando la capacidad de adaptación a la temperatura. El resultado fue que la regulación empezó a darse precisamente en el entorno de la restricción, es decir, si empezaban a tener problemas de adaptación a los 40 ºC y no tenían posibilidades de sobrevivir a los 50 ºC, la regulación se daba un poco antes de los 40 ºC y volvía a recuperarse la homeostasis[107].

107. En los modelos que hemos realizado con las ecuaciones de Lenton y Lovelock, la regulación se da en el entorno de los 36 ºC +- 3 ºC, antes del punto teórico en el que empiezan las restricciones, que es a los 40 ºC. Esto, que puede parecer paradójico, se debe a que la temperatura local que experimentan las margaritas negras es siempre algo superior al promedio del planeta y la de las blancas algo inferior, como lo que experimentamos cuando llevamos una camiseta negra o blanca a pleno sol.

Si Gaia respondiera como el modelo Daisy de Lenton y Lovelock entonces veríamos que los parámetros limitantes gaianos definirían los puntos de homeostasis donde se encuentra Gaia. Si la temperatura promedio se regula en el entorno de los 15ºC, 10ºC arriba o abajo, como seguramente ha sido en la historia de Gaia, sería porque esos 15ºC están relativamente cerca del factor limitante, lo que efectivamente se observa por abajo (0ºC es un límite inferior para la temperatura porque se tiende a congelar el agua) pero no es nada obvio que 25ºC o incluso 35ºC sean un factor limitante para la temperatura superior. Y lo mismo para la salinidad, para el pH, etc. En cambio, desde la visión orgánica de Gaia, en un organismo, es él el que elige el punto óptimo y no una restricción biofísica: nuestra temperatura interna es de 37+-4 grados y no parece que sea por alguna restricción limitante (otros animales toleran y se sienten cómodos a otras temperaturas), sino por cuestión de optimización. Si se pudiera cuantificar y discriminar esta diferencia, hablaríamos de una Gaia cibernética, si Lenton y Lovelock tienen razón, o de una orgánica si los parámetros son más óptimos que "restrictivos". Una prueba a favor de una Gaia más fuerte, es la "debilidad" de la Gaia de Lenton y Lovelock ante comportamientos darwinistas de los que aseguran ser una ampliación. Así, si los límites por ambos extremos son grandes, 0ºC y 100ºC, no parece fácil discriminar ninguna de las dos teorías, sin embargo, observamos algo más, si la temperatura de la Tierra fuese de 40ºC o más, se produciría en un horizonte de muchos miles de años (muchas generaciones de los organismos de Gaia) una realimentación sobre el clima (ver anexo II) que haría inevitable que la temperatura terminara siendo de más de 100°C, extinguiéndose la mayor parte de la vida o toda. ¿Cómo es posible sin recurrir a una Gaia optimizadora u orgánica y solo con una reactiva cibernética que Gaia "sepa" de una restricción que no afecta a la capacidad de adaptación de sus "margaritas"? De igual forma, para otros procesos lentos, como la salinización de los océanos, esperaríamos una adaptación hasta justo por debajo de los límites (condiciones de salinidad del 5% o 6% frente al 3,5% actual, que es casi el doble de salinidad, con lo que la salinidad de los océanos no parecen estar cerca del límite que restringiría a la mayoría de los organismos) y de nuevo, seguramente si se llegara al 4,5% donde quizás empezara a aparecer la restricción quizás ya no pudiera evitarse un "runaway" que deslizara hacia 5%, luego 6% y luego Mar Muerto y luego Gaia muerta porque los organismos ya no tendrían el poder de regulación. Hemos argumentado que en la Gaia real, los organismos en vez de adaptarse a todo se relajan confiando en la buena regulación de Gaia, justo lo opuesto. Las margaritas confiarían en que la temperatura de Daisyworld esté en el entorno del 22,5°C y perderían su capacidad de sobrevivir a temperaturas menos óptimas que las margaritas más antiguas. Así pues el modelo orgininal de Daisyworld es un modelo optimizador, un modelo que encaja más con la visión de una Gaia orgánica.

En todo caso, la discusión sobre los modelos Daisyworld y los posteriores que se inspiraron en él, se centraron en la compatibilidad con el darwinismo y no en este tipo de cuestiones de discriminación más holísticas.

Curiosamente, incluso aquí, no parece que a ningún autor se le haya ocurrido tratar de hacer un modelo lo más completo y próximo al darwinismo posible, es decir, introducir en Daisyworld varias de las características anteriores de forma simultánea. En la figura A.2 pongo un ejemplo en el que añadimos la margarita "tramposa" gris al modelo original de Lovelock y al modelo adaptativo a la temperatura con restricciones de Lenton y Lovelock.

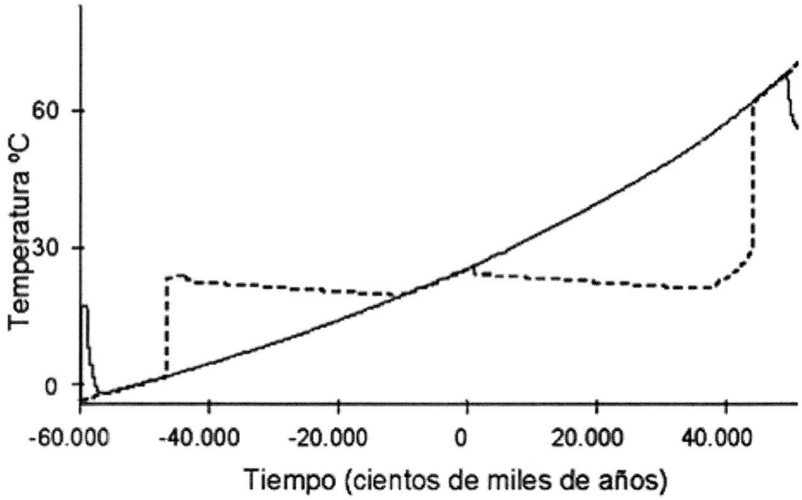

FIGURA A.2. Modelo original de Lovelock al que se le ha añadido una margarita tramposa gris (línea discontinua). A las margaritas de este modelo se les añade, además, la posibilidad de adaptarse a la temperatura que sufren (línea continua). Vemos cómo el modelo original resiste bien la entrada de tramposos y, salvo un tiempo relativamente corto, se regula la temperatura (la curva discontinua es casi horizontal durante largos periodos de tiempo). Sin embargo, si las margaritas son adaptativas (otro requisito del darwinismo), la entrada de una margarita tramposa rompe totalmente las propiedades de regulación (ya no hay zonas horizontales en la línea continua).

¿Cuál es el resultado global de los modelos Daisyworld con características del darwinismo? Que cuantas más características se introduzcan, menos capacidad de regulación de la temperatura se da, hasta el punto de que pronto se destruye totalmente cualquier propiedad homeostática en Daisyworld. Sencillamente, el darwinismo no es compatible con un Daisyworld con propiedades gaianas[108]. Si se utiliza Daisyworld como arquetipo de Gaia, la conclusión es que Gaia y la selección natural no son perfectamente compatibles.

Pero esto no es fácil de ver desde disciplinas que no suelen trabajar con la mentalidad del análisis de sistemas, por lo menos hasta no hace mucho tiempo. Quizás ahora que la ciencia del sistema Tierra empieza a considerarse como ciencia normal, sí podamos hacernos entender los que trabajamos desde esta perspectiva sistémica. Así, la dinámica de sistemas nos permite comprender con claridad, por encima de sus ecuaciones matemáticas, por qué Daisyworld no se comporta bien al añadir características de la selección natural.

108. Intentamos publicar un estudio completo sobre esto en varias revistas, que lo rechazaron siempre (de Castro C., Miguel L. J., Mediavilla M., no publicado. En parte y quizás como efecto colateral de este fracaso formamos ahora, junto a otros investigadores, el grupo interdisciplinar GEEDS, modelizador del proyecto europeo MEDEAS y líder del proyecto europeo LOCOMOTION sobre transiciones energéticas a un mundo bajo en carbono).

Metí la pata al pretender que Gaia cuestiona el neodarwinismo y, ante esto, preferir a Gaia, al menos para cuestiones por encima de los ecosistemas: para unos revisores, el neodarwinismo era incuestionable (no así Gaia); y para otros revisores, a los que les parecía incuestionable la selección natural del darwinismo, Gaia solo podía complementar o ampliar a Darwin y no contradecirlo. Lo paradójico es que a veces un revisor nos rechazó el artículo con un argumento y otro revisor justo con el contrario.

La dinámica de sistemas es un área de conocimiento que apareció en los 60 del siglo pasado[109], cuando las técnicas de simulación desarrolladas por los ingenieros de control se emplearon para resolver problemas más allá de la ingeniería, como el control de las existencias de producción en las fábricas o el crecimiento urbano. Esta técnica se basa en la construcción de modelos matemáticos mediante el uso de herramientas gráficas intuitivas, como los diagramas de flujo y los diagramas de influencia, haciendo énfasis en la descripción de los bucles de retroalimentación.

Un diagrama de influencia es una herramienta gráfica que representa las relaciones cualitativas de causalidad entre dos variables. Comencemos con un diagrama de influencias que resumiría el comportamiento de Daisyworld:

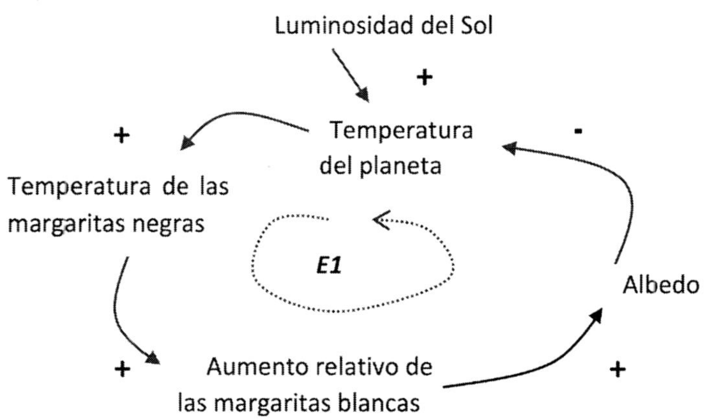

FIGURA A.3. Diagrama de influencia del Daisyworld original desde la dinámica de sistemas.

109. Como herramienta matemática por Jay Forrester (1918-2016), si bien la teoría de sistemas dinámicos y el tipo de ecuaciones acopladas propios de estos sistemas comienzan ya en el siglo XIX con Maxwell.

La forma de leer este diagrama es la siguiente: supongamos que inicialmente tenemos una luminosidad del Sol que genera una temperatura que es ideal para las margaritas negras. Comencemos entrando en el diagrama así: un aumento de la luminosidad del Sol causa un aumento de la temperatura del planeta (indicado con una flecha y un signo positivo; a su vez, una disminución de la luminosidad del Sol provocaría una disminución de la temperatura; el signo positivo indica, pues, la relación causal en la misma dirección: más es más, menos es menos). Pero sigamos las flechas: más temperatura del planeta implica más temperatura de las margaritas negras (que ya no están tan cómodas); más temperatura de las margaritas negras implica más aumento relativo de las margaritas blancas (estas siempre están algo más frías que su entorno, así que, si aumenta la temperatura cerca de ellas por las negras, esto las beneficia, y crece su población relativa). Más aumento relativo de las margaritas blancas incrementa el albedo (brillo o rechazo de la luz del Sol); más albedo implica menos temperatura del planeta, y menos temperatura del planeta implica menos temperatura de las margaritas negras. Es decir, que a través de las poblaciones de margaritas, un aumento de la luminosidad del Sol que tiende a aumentar la temperatura es contrarrestado por un aumento del albedo que tiende a disminuir la temperatura, lo que genera un "lazo" estabilizante de la temperatura (una realimentación negativa) que hemos simbolizado con la flecha discontinua E1. La regla es que si se completa un lazo y el número de signos negativos es impar, tendremos una realimentación negativa estabilizante, y si es cero o par, tendremos una realimentación positiva desestabilizante.

Pero cuando al modelo Daisyworld se le añade el comportamiento adaptativo de tipo darwinista de las margaritas, añadimos un nuevo lazo de realimentación (D1), en este caso positivo (dos signos negativos):

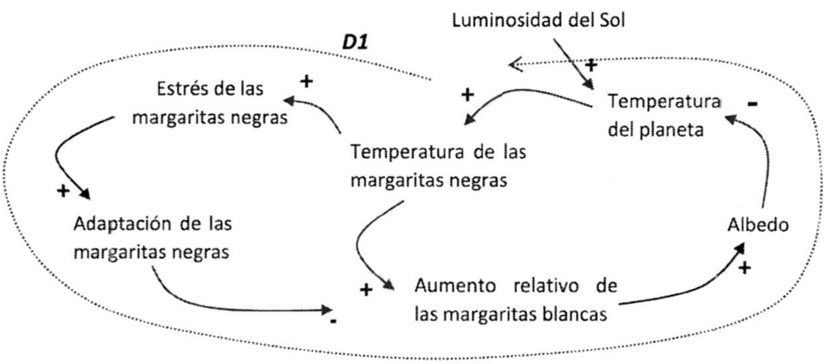

FIGURA A.4. Diagrama de influencia de un Daisyworld con margaritas adaptativas.

Ahora la temperatura de las margaritas negras aumenta su estrés, lo que hace que tienda a aumentar la adaptación de las margaritas a la nueva temperatura (por vía de mutaciones que diferencien a las margaritas de la especie negra entre sí), lo que a su vez disminuye la ventaja relativa de las margaritas blancas (con lo que no disminuye el albedo y se perturba el lazo estabilizante inicial). Llegaríamos así al modelo de Robertson y Robinson, que destruye la regulación de la temperatura. Solo si restringimos la capacidad de adaptación de las margaritas negras a la temperatura disminuimos la fuerza del lazo desestabilizante (es el modelo de Lenton; añadiríamos una nueva variable: restricciones biofísicas a la adaptación, con signo negativo sobre la adaptación de las margaritas). Pero el lazo desestabilizante no desaparece, por lo que otras propiedades "egocéntricas" de las margaritas (competencia excluyente, "tramposas" grises, etc.) terminan rompiendo la homeostasis.

Si regresamos a las propiedades del Daisyworld original desde un punto de vista ecológico y global podemos hacer algunas reflexiones más. En la figura A.5 nos fijamos en el área ocupada por las margaritas comparando un Daisyworld con una sola especie de margaritas (negras) y otro Daisyworld en el que aparece la especie blanca en el tiempo t=0:

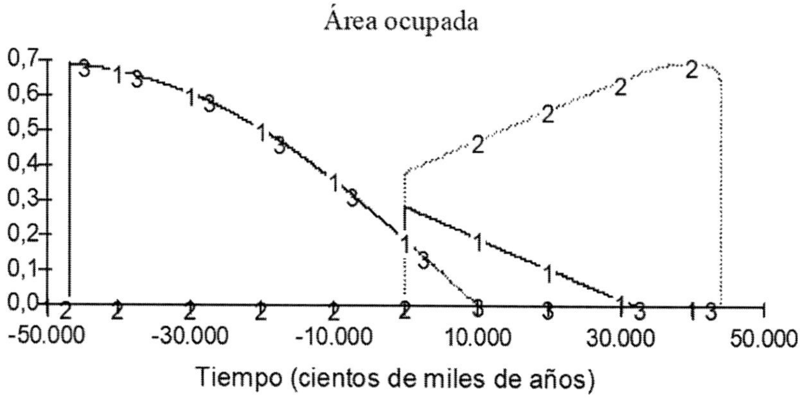

FIGURA A.5. En este "experimento", la línea 3 representa el descenso del área ocupada por margaritas negras en un Daisyworld con solo este tipo de margaritas. Las líneas 1 y 2 representan la evolución en el anterior Daisyworld si en el tiempo t=0 aparece una nueva especie de margarita (blanca), siendo (1) la población negra y (2) la población blanca.

En la figura A.5 vemos cómo va cambiando el área de la población de margaritas negras porque el Sol va calentando Daisyworld y las margaritas reducen su población para no sobrecalentar el planeta ni a ellas mismas. Sin embargo, al aparecer la especie blanca, esta crece explosivamente y enfría el planeta, pero, lejos de desplazar y extinguir la población negra "por estar mejor adaptada", esta vuelve a crecer de tamaño y logra sobrevivir 2 000 millones de años más que si hubiera estado sola. A escala ecológica, podríamos decir que las margaritas se coordinan para regular la temperatura al tiempo que por esa coordinación consiguen vivir más y mejor. Si empleáramos los términos darwinianos y nos fijáramos solo en la escala local espacial y temporal de las margaritas, entonces hablaríamos de "cooperación" entre las dos especies, y las visiones más clásicas del neodarwinismo tendrían problemas para explicarla o añadirían "epiciclos", cuando la escala de explicación más adecuada es planetaria y de millones de años.

En las figuras A.6 y A.7 vemos otro experimento más en el que reducimos la escala temporal pero no la espacial. Ahora imaginamos que en un planeta del tamaño de la Tierra se siembra una hectárea con semillas de margaritas negras y blancas justamente cuando la luminosidad de su Sol es la actual del nuestro (tiempo=0). La capacidad de crecimiento exponencial de las margaritas llena en muy poco tiempo geológico el espacio del planeta y genera cambios climáticos rápidos en él. Sin embargo, la interacción coordinada del albedo de las margaritas (que genera homeostasis) y los factores limitantes a su crecimiento hace que pronto la temperatura quede estabilizada de manera que sea buena para la vida.

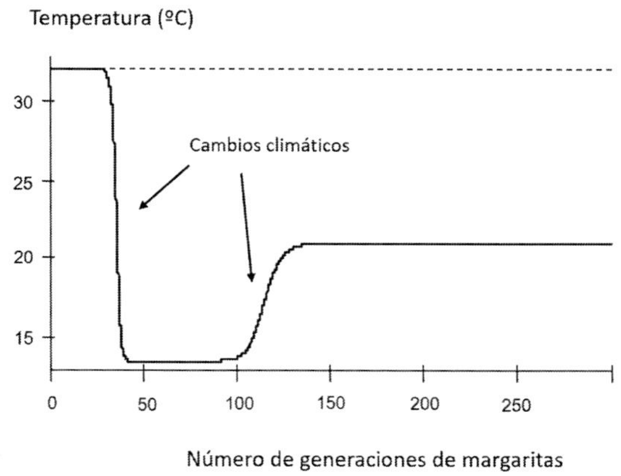

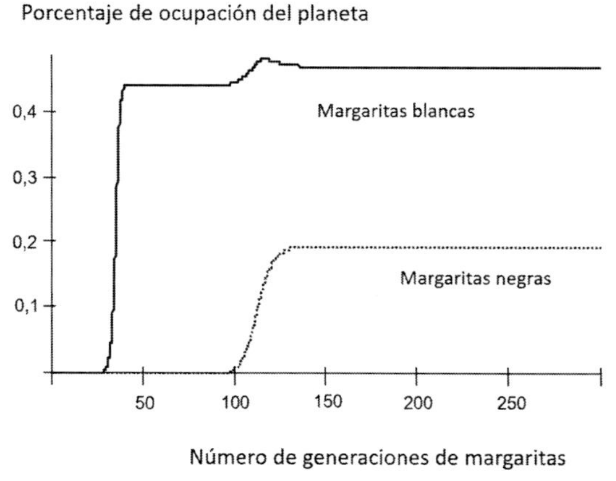

FIGURAS A.6 y A.7. Evolución de la temperatura (A.6) y de las poblaciones de margaritas (A.7) al plantar una hectárea de semillas de las dos especies en el planeta (las semillas germinan cuando las condiciones son adecuadas).

En el tiempo cero, si no hubiera margaritas y el Sol tuviera una luminosidad constante igual a la actual del nuestro, la temperatura en Daisyworld sería constante y superaría los 30 ºC (línea discontinua de la figura A.6). Pero si en ese momento sembramos ese mundo con semillas negras y blancas, observamos (figura A.7) un crecimiento explosivo de las margaritas blancas, que antes de 50 generaciones son capaces de crecer y ocupar más del 40 % de la superficie del planeta (miles de millones de hectáreas). Esto genera un cambio climático extraordinariamente rápido, pues la temperatura baja a 13 ºC desde la generación 40 de margaritas hasta la 100. Sin embargo, a esta temperatura las margaritas negras también empiezan a expandirse exponencialmente, de tal forma que en unas pocas generaciones ocupan un 20 % del planeta. Al crecer las negras, suben la temperatura, lo que provoca un nuevo cambio climático y hace que la temperatura final sea de 22,5 ºC, con la que ambas especies son "felices". Gracias a las negras, las blancas aún ven incrementada ligeramente su presencia hasta casi ocupar el 50 % de la superficie del planeta.

Como la tentación de utilizar el lenguaje de la competencia como mecanismo principal para explicar la selección natural es muy elevada, diseñé también un modelo en el que cualquier competencia entre las especies dejara de tener sentido. Lo llamé Butterflyworld (Castro 2008, Castro 2013), el mundo de las mariposas. En él, el efecto del albedo es similar al de Daisyworld, pero en esta ocasión lo que existe es una población de una única especie de mariposas en la que los sexos son de diferente color, blancas las hembras y negros los machos. Aquí la cooperación entre sexos es necesaria (uno no puede vivir sin el otro), y además supuse que se maximizaba la reproducción cuando se equilibraban las poblaciones de machos y hembras. Ajusté algún parámetro físico, como que la mortalidad no fuera fija como en Daisyworld, sino dependiente de la temperatura, y el resultado fue sorprendente: la regulación de este planeta de cooperación y sexo generaba una homeostasis de la temperatura mucho más estable y durante bastante más tiempo que en Daisyworld. Desde la Teoría Gaia Orgánica es esperable: inventos como el sexo —que "diluyen" el ego— tienen éxito (o se promocionan por Gaia).

La exploración que se abre con estos modelos es mucho mayor si se buscan explicaciones y propiedades de escala ecológico-global: ¿cómo cambia la producción de entropía del planeta? ¿Cómo influye el comportamiento de expansión de las mariposas o de las margaritas en la transferencia de calor en el planeta y, por tanto, en la regulación de la temperatura? ¿Cuál es la resistencia de Butterflyworld a la entrada de "tramposos"? ¿Cómo influye la biodiversidad en los ejemplos anteriores?

La herramienta de dinámica de sistemas y un paradigma más holístico nos permitirían contestar a estas preguntas y a muchas otras de una forma relativamente rápida y comprensible, pero hasta ahora algunas se han quedado en un cajón y otras están por hacer.

En todo caso, la visión cibernética de estos modelos requiere añadir complejidad para compararlos con Gaia hasta un punto en que quizás dejen de tener sentido, como no tiene sentido tratar de modelizar una mariposa o una margarita reales en todos sus detalles como si fuesen un sistema cibernético de cientos de miles de variables: los entomólogos y los botánicos llevan tiempo haciendo ciencia considerándolos organismos.

Anexo II
La retención del agua terrestre por y para Gaia

Los flujos y el stock de agua (hidrosfera) en la biosfera dependen de los intercambios con el manto y con el exterior de la estratosfera. Los procesos son muy complejos y falta aún bastante información (por ejemplo, no sabemos la cantidad de agua que hay en el manto terrestre ni conocemos bien los intercambios con la biosfera); por tanto, lo que sigue debe tomarse como una primera aproximación especulativa.

La interacción del manto con la hidrosfera es tal que el agua ayuda a enfriar el basalto de los *riffs* oceánicos. Según crecen, estos van empujando los sedimentos hacia los continentes. Los sedimentos son en buena medida orgánicos, de sílice y calcio, generados por organismos como radiolarios y diatomeas. La subducción del basalto más los carbonatos cálcicos y el sílice bajo la plataforma continental es lubricada por el agua. Pero con el incremento de temperatura y presión en presencia del agua, en el basalto se rompen a veces los enlaces moleculares de esta, lo que genera hidrógeno y oxígeno. Casi todo el hidrógeno iría a la atmósfera si no fuera porque bacterias oxidadoras del hidrógeno de los sedimentos aprovechan su energía para construirse ($6H_2 + 2O_2 + CO_2 \rightarrow CH_2O + 5H_2O$), lo que lo retiene en estas capas antes de llegar a la atmósfera (Harding, 2006; Zahnle, 2013).

Sin embargo, procesos naturales producen hidrógeno en la propia atmósfera y en las aguas superficiales de los mares. Al ser muy ligero, el hidrógeno atómico y molecular no es retenido por la gravedad de la Tierra (la velocidad de escape en la superficie terrestre es de unos 11 km/s, nada difícil de obtener para un porcentaje de átomos ligeros en sus choques aleatorios en las distintas capas de la atmósfera). Si todo permaneciera igual, una atmósfera más cálida produciría más átomos con velocidad de escape, por lo que se perdería más cantidad de hidrógeno. Las principales fuentes de hidrógeno en la atmósfera son el agua y el metano (CH_4), y al comienzo de la historia de la Tierra existía H_2 en grandes cantidades también (Zahnle, 2013). El metano es un gas en cuyo flujo intervienen organismos como los metanógenos, además de factores abióticos como los volcanes. Sin embargo, la cantidad de metano ha disminuido mucho respecto a la atmósfera primitiva, lo que ha evitado un fuerte efecto invernadero y un escape del hidrógeno del metano por fotodisociación; además, en una atmósfera oxidante el metano tiende a convertirse en dióxido de carbono y agua (Lovelock y Margulis [1974] especulan que es una fuente de agua de la estratosfera a la troposfera). Un fotón de alta energía puede romper las moléculas de metano y de agua, lo que libera el hidrógeno. En la atmósfera anóxica primitiva, en cambio, la sola producción biológica de metano generaría un flujo capaz de elevar mucho el escape de hidrógeno por la elevada concentración de metano. El descenso de la concentración de metano de varios órdenes de magnitud a lo largo de la historia de la Tierra ha hecho descender también el ritmo de escape de hidrógeno, al tiempo que dejó atrás oxígeno que a su vez fue eliminando el metano ($CO_2 + 2H_2O \rightarrow CH_4 + 2O_2 \rightarrow CO_2 + O_2 + 4H$ [escapa]; Catling, 2001).

En el caso de que la atmósfera se saturara de vapor de agua, también aumentaría el efecto invernadero y se produciría más fotodisociación. Sin embargo, normalmente la atmósfera terrestre no está saturada de vapor gracias a la formación de nubes y lluvia y a la temperatura relativamente baja: a 70 ºC, el contenido de vapor de agua sería de una atmósfera, más de 300 000 veces mayor que el actual (Lammer, 2008). Como el vapor de agua es un gas de efecto invernadero, se tiende a producir una espiral (*runaway*) de refuerzo positivo: más temperatura, más vapor, más efecto invernadero, más temperatura. Por el contrario, las nubes condensan el vapor a través de lo que se denomina núcleos de formación, que son moléculas, muchas de ellas orgánicas, y partículas, como el DMS, los terpenos o los propios virus y bacterias. Es decir, la vida es activa en la formación de nubes y lluvia, incluso quizás también en la dinámica climática y de vientos a escala local y regional (Hamilton y Lenton, 1998).

Las nubes además podrían enfriar netamente la atmósfera y lo hacen a escala local por interceptación de los rayos del Sol. Por tanto, que se retire vapor de agua de la atmósfera a través de la lluvia y que el planeta evite gracias a Gaia una "venusización", con temperaturas muy elevadas en su superficie (290 ºC dirían Lovelock y también Odum), permite que escape mucho menos hidrógeno y que no se pierda el agua.

Una vez formado el hidrógeno en la atmósfera "fría" respecto a la que tendría el planeta sin vida, tendríamos:

1. La mitigación por la tropopausa en lo que se denomina *trampa fría*, una zona de muy bajas temperaturas en la que las moléculas de agua no se difunden por encima porque baja su velocidad. Esta trampa fría es provocada por el nivel de CO_2 en la atmósfera y consigue que lleguen pocas moléculas de agua por encima de ella, donde serían rápidamente fotodisociadas, con el consiguiente escape del hidrógeno. Aunque esta trampa fría existirá en aquellos planetas sin vida con presencia de CO_2, el número de moléculas de agua que la atraviesen finalmente dependerá, como es lógico, del *stock* de agua debajo de esta, es decir, del nivel de vapor de agua en la atmósfera.

2. Los propios compuestos de oxígeno y la producción de ozono a partir del oxígeno, tanto en la atmósfera como en la estratosfera, que reaccionan con el hidrógeno de nuevo para producir agua. La producción abiótica de oxígeno es cien veces más pequeña que la de la fotosíntesis (Catling y Kasting, 2017); por tanto, es un producto de la vida, que generó hace tiempo una atmósfera que se fue saturando de oxígeno una vez que oxidó otras especies atómicas como el hierro. Zahnle (2013) argumenta que el propio escape del hidrógeno ayudó a oxidar la Tierra en el Hadeano y el Arcaico y que esta oxidación fue aprovechada por los vivientes para aumentar su expansión y complejidad. En la atmósfera primitiva con gases reductores se generarían órdenes de magnitud más de escape de hidrógeno que en la actualidad (Holland, 1978; Zahnle, 2013).

Respecto a otros planetas sin vida, la atmósfera pasa a oxidante "rápidamente" en la Tierra gracias a la fotosíntesis, lo que hace que especies reductoras como el hidrógeno reaccionen más rápido. Al pasar de una atmósfera reductora al comienzo de su historia a una oxidante, las especies moleculares como NH_3, H_2S y CH_4 se sustituyeron por H_2O, CO_2, etc., pero una atmósfera oxidante tiende a bajar el pH y a acidificar océanos y suelos, por lo que Lovelock y Margulis (1974) especulan que la producción continua de NH_3 por parte de los vivientes de Gaia (2 000 millones de toneladas al año) permite mantener el pH cercano a la neutralidad.

3. La propia capa de ozono atrapa rayos ultravioleta, que son los que generan la fotodisociación del agua, lo cual mitiga el escape de hidrógeno (por tanto, esta capa tiene una doble función: la más conocida de protección solar, que permitió la aparición de vida compleja fuera de las profundidades oceánicas, y esta segunda de retención del agua terrestre que especulamos aquí). De nuevo, en la atmósfera primitiva el ozono no existía y, además, el Sol, aunque menos brillante, generaba bastante más radiación de alta energía; Lammer (2008) estima que 6 veces más hace 3,5 Ga y 10 veces más hace 3,8 Ga que ahora, por lo que, de nuevo, el escape de hidrógeno tuvo que ser muy superior respecto al de la actualidad.

Los flujos de hidrógeno que escapan hoy al espacio exterior suponen una pérdida aproximada de un metro de capa de agua sobre la superficie terrestre cada mil millones de años (Zahnle, 2013), frente a los 2 500 metros actuales que tendría esa capa si toda el agua se distribuyera uniformemente (Wordsworth, 2013).

Intentemos algunas cuantificaciones:

Tenemos hoy tres fuentes de pérdida de hidrógeno: la fotodisociación del agua en la baja atmósfera y en los océanos, la fotodisociación del agua que consigue difundirse a través de la trampa fría de la tropopausa y la fotodisociación del CH_4. (Al comienzo de la historia de la Tierra había hidrógeno libre, que escapa pronto pero que no genera una pérdida de agua neta).

1. La contribución de la fotodisociación del agua en los océanos a esa pérdida es hoy pequeña en buena medida precisamente porque es revertida por el oxígeno y el ozono. Los autores (Wordsworth, 2013; Zahnle, 2013) desprecian esta contribución frente a las otras dos, pero no lo harían si aumentara por falta de oxígeno que reaccionara con el hidrógeno producido y si el oxígeno y el ozono no absorbieran la radiación ultravioleta.

Según los datos que proporcionan Zahnle (2013) y Castling (2001), la contribución de hidrógeno por fotodisociación en la baja atmósfera sería solo de un 7 % respecto a las otras dos (es decir, de 7 cm cada Ga). Pero si por falta de oxígeno no disminuyera el hidrógeno formado por fotodisociación al reaccionar con él (quizás 10-100 veces) y si el mismo oxígeno y la capa de ozono no absorbieran el 99 % de la radiación UV, lo cual aumentaría la fotodisociación unas 100 veces, entonces hablaríamos de un factor 1 000-10 000 más de pérdida en un planeta muerto carente de mucho oxígeno o de una pérdida de 70-700 metros cada Ga por este factor. Puesto que durante los primeros 2 500 millones de años la concentración de oxígeno era muy baja, que luego durante 1 700 millones fue de solo un 10 % y que la concentración actual se estableció hace unos 800 Ma, la pérdida de agua por falta de oxígeno en parte de la historia de la Tierra ha podido ser de 200-2 000 metros, frente a los 350-3 500 metros si hubiera carecido de oxígeno en cantidad significativa toda su historia. El oxígeno y el ozono, productos de la vida, retienen agua.

2. La contribución del metano, en la actualidad de unos 0,5 metros de pérdida cada 1 000 millones de años, sería durante el Arcaico de 400 metros cada 1 000 millones de años, porque había mucha más cantidad de CH_4 (hasta mil veces más que ahora), o de unos 2 000 metros en el tiempo de vida de la Tierra (Zahnle, 2013). El metano tenía un tiempo de residencia de unos 6 000 años antes de la escalada del oxígeno hace 2,4-2,2 Ga, frente a los 12 años actuales de vida media antes de convertirse en CO_2 y H_2O tras reaccionar con el oxígeno o ser "comido" por bacterias (Catling, 2001). En un planeta sin vida (sin tanto oxígeno libre), el metano habría permanecido mucho más tiempo, lo que habría provocado la pérdida de una gran cantidad de agua.

3. La pérdida de agua a través de la trampa fría es hoy de aproximadamente 0,5 m/Ga. Sin la trampa bastarían 300 millones de años para perder el agua de todos los océanos. Sin Gaia, las concentraciones de CH_4 y CO_2 llevarían a sobrepasar los 50 ºC de temperatura, con lo que la atmósfera se saturaría de vapor de agua con concentraciones 10 000 o 100 000 veces mayores que la actual. Si el vapor de agua con runaway pasara de 3,2 ppmv a una concentración 10 000 o incluso 100 000 veces mayor, entonces tendríamos una pérdida enorme aun con la efectividad de la trampa fría. Si bastan 300 millones de años (Wordsworth) para perder 2 500 metros de agua sin trampa fría y con ella se pierden solo 0,5 m cada mil millones de años, la efectividad es de 16 660 veces (solo 1 de cada 16 660 moléculas de agua pasa y se disocia y, por tanto, se pierde su hidrógeno). Si con runaway el vapor aumentara 10 000-100 000 veces, entonces en el tiempo de vida de la Tierra se perderían (10 000·5 Ga·0,5 m/Ga=)25 000-250 000 metros de agua o ¡10-100 océanos! Aunque una Tierra sin vida tendría más CO2 y posiblemente una trampa fría más efectiva que ahora, esta trampa sería menos de 10 veces menos efectiva que ahora (fig. 17 de Wordsworth), por lo que, en la “venusización” que seguramente se habría producido si la Tierra careciera de Gaia, el agua se habría evaporado totalmente y se habría perdido en el espacio.

Gaia no solo recicla el agua internamente a tasas muy elevadas, sino que parece proactiva en su retención.

Anexo III
Apoptosis: la muerte programada

Según la Teoría Gaia Orgánica debe existir en todos los organismos una tendencia a la programación de la muerte, y su predicción es que este fenómeno es tan antiguo como Gaia.

Una vez que la entropía ha quedado descartada como explicación recurrente a por qué morimos, aparte del accidente, tanto el envejecimiento como la muerte estarían programados genéticamente por el beneficio del ecosistema y de Gaia, que acogen al sujeto. En organismos complejos habrá una tendencia a que la circuitería genética de programación de la muerte sea tan profunda que resulte irreversible. La predicción se puede llevar más allá: en aquellos ecosistemas frontera de Gaia encontraríamos individuos más longevos.

Teóricos neodarwinistas predijeron que la apoptosis solo podía existir en organismos pluricelulares. Se tardó en reconocer que existía en unicelulares, aun cuando las pruebas observacionales apuntaron a ellos antes que a los pluricelulares, precisamente por el prejuicio, derivado del mismo Darwin, de que un organismo trabaja solo para sí y no haría nada que lo perjudicase (el máximo perjuicio que uno puede infligirse como individuo es precisamente el suicidio, que la biología solo podía admitir en el ser humano, lo que reforzaba su carácter de ser especial). Una vez que las observaciones fueron incontrovertibles, hubo que añadir "epiciclos" explicativos para encajar los hechos con la teoría.

Hice esta predicción antes de saber que, efectivamente, se había ido generalizando el "mecanismo" a cada vez más familias (existe en bacterias, levaduras, protozoos...). Uno de los "epiciclos" que se llegó a conjeturar fue que la habían inventado primero los organismos pluricelulares y que luego por transferencia horizontal había pasado a algunos unicelulares. Hoy incluso se discute si es tan antigua como la vida misma y cuál es su grado de extensión, si es que no se trata de un comportamiento totalmente general.

Puede leerse en Bidle (2004) y sus referencias que se siguen describiendo ejemplos "sorprendentes", en este caso sobre el fitoplancton (organismos fotosintéticos microscópicos de los océanos con representantes bacterianos y de más de ocho filos de eucariotas). El problema es que admitirla supone desdibujar el carácter de individualidad de los organismos unicelulares, que es fundamental para el darwinismo, en favor de la comunidad. Escribe Bidle (2014): "Para mantener los ciclos biogeoquímicos a través de los miles de millones de años de la historia de la Tierra, los microorganismos no deben solamente crecer, sino también morir". Al emplear "para mantener... deben", están siendo propositivos a una escala gigante en una revista como Nature, lo cual es un progreso significativo en la ciencia ortodoxa.

Aunque la biomasa del fitoplancton es menor del 1 % respecto al total, el fitoplancton es responsable del 50 % de la productividad primaria anual a escala global. Esto significa que para mantener tal razón de producción/biomasa, en promedio deben crecer, morir y ser reemplazados, y reciclados, una vez cada semana. Además, Bidle (2004) señala que la mitad o más de la muerte sobreviene no por un depredador o un virus, sino por apoptosis, es decir, por funciones de escala global o ecosistémica (gaiana); funciones no explicables por el neodarwinismo sin enormes epiciclos, pues incluso en estos organismos unicelulares la "maquinaria" que describe Bidle (2004) es muy compleja y energéticamente costosa de mantener, toda una "programación" muy antigua —más de 2 800 millones de años— en la que no han entrado individuos "tramposos": que no se suiciden ante un estrés que dispare la apoptosis.

La "ventaja" de mantener ciclos biogeoquímicos y elevadas tasas de reciclado durante miles de millones de años sin una Gaia antigua "vigilante" no puede explicarse ante "individuos" cuya esperanza de vida es de una semana. Menos de la mitad de las muertes del fitoplancton se producirían por funciones de regulación local a través de virus y herbívoros; aquí las entendemos también como funciones gaianas, aunque tradicionalmente estas muertes por "ataque" han sido el centro de atención de las teorías evolutivas. Además, los virus no solo hacen este papel de regulación poblacional de bacterias y fitoplancton, sino que han proporcionado muchos, si no la mayoría, de los conjuntos genéticos que poseen las bacterias y el resto de organismos. Tras la ruptura de la célula de fitoplancton, bacterias heterótrofas (un millón por ml del océano) se encargan de reciclar el material, lo que activa los ciclos biogeoquímicos (más funciones gaianas).

Anexo IV
Del zoocentrismo a la arborifilia

La biología debería haber sido menos zoocéntrica de lo que lo ha sido históricamente (Margulis 1990), ya que ha llegado al punto de mitificar a los animales carnívoros (pregúntese por favor cuántos miles de documentales se han realizado sobre tiburones, leones, lobos, osos, orcas, tigres, etc.[110]). Aunque solo sea porque en los ecosistemas terrestres la mayor parte de la biomasa de los animales es de herbívoros pequeños (insectos, gusanos...), la "lucha de dientes y garras" en realidad sería más bien un "ir a mesa puesta con

110. De forma análoga, es como si la imagen de ver la vida de un organismo como un mamífero se hubiera enfocado mayoritariamente en su sistema inmune: los linfocitos T como superdepredadores de otras células, no siempre extrañas al organismo, y generalizáramos a partir de ahí toda la fisiología.

Aunque la labor de documentalistas como Jaques Cousteau y David Attemborough o de Félix Rodríguez de la Fuente en España, es encomiable y yo fui uno de las muchas personas que ellos sensibilizaron hacia el deseo de protección de la vida "salvaje", su búsqueda de la anécdota, incluso de la preparación de la misma ante sus cámaras, contribuyó seguramente a una generalización sesgada de la Naturaleza que confirmaba esa "lucha de dientes y garras". Quizás necesitemos una nueva generación de documentalistas más holistas y más "plantocéntricos", capaces de emocionarnos igualmente. Más de una vez he tenido la tentación de rehacer el guion, con las mismas imágenes que estaba viendo de cualquier documental de la vida "salvaje", desde una interpretación más holística. ¿Y si la caza del león la reinterpretáramos al modo de la fagocitosis por un glóbulo blanco y durara solo un minuto de cada mil de la serie documental?

ensalada variada". A su vez, las observaciones de la evolución y de la biología deberían basarse más en las plantas, los hongos y las bacterias que en los animales por biomasa (Bar-On, 2018), por flujos de materia y energía, por importancia ecosistémica, etc. Hemos construido una ciencia biológica que en los últimos 200 años se ha basado sobre todo en los animales salvajes como los mamíferos y las aves, cuando el conjunto de su biomasa no llega al 0,001 %[111]. Si nos guiáramos por el criterio de la biomasa, entonces serían las plantas, con un 80 % del peso total de los organismos vivos, en las que tendríamos que haber centrado las observaciones y los esfuerzos explicativos, en especial en los árboles, cuyo peso supera al del resto de especies vivas juntas.

Si bien la mayor parte de un árbol está formado por células muertas (durante su desarrollo, sube la proporción de estas), si tenemos en cuenta las células vivas, este porcentaje se reduce bastante, aunque sigue siendo muy significativo: si tomamos que el 5 % de un árbol maduro es tejido vivo, seguiría pesando mucho más que todos los animales juntos. Los árboles pesarían unas 22 GtC: según las estimaciones que hago a partir del artículo https://www.ncbi.nlm.nih.gov/pmc/articles/PMC4912597/pdf/442_2016_Article_3621.pdf (los pinos de medio siglo pesan unas 500 Tn por hectárea, frente a las más de 20 Tn que pesan las raíces y hojas vivas).

Con esta condición solo los superaría la masa de las bacterias y arqueobacterias (77 GTnC) , pero todos los hon-

111. Ni llegaba al 0,01 % antes de la debacle de biodiversidad causada por nuestra civilización.

gos (12 GtnC), prototistas (4 GTnC) y animales juntos (2 GTnC) pesarían menos. Tiene sentido ser arboricéntrico, o al menos plantocéntrico (el conjunto de células vivas de todas las plantas sí pesa más que el conjunto de las bacterias, si bien el metabolismo de las bacterias es más rápido y probablemente los flujos energéticos y materiales siguen siendo mayores en estas). Si se excluyen el número de bacterias estimadas en el suelo profundo (metabólicamente muy poco activas) y las partes no vivas de las plantas, de nuevo la biomasa de las plantas es muy superior al resto de reinos: 150 GtC frente a 28 GtC (Bar-On en Supplementary Materials).

Anexo V
De la Autopoiesis a la Gaia orgánica

Este anexo lo he escrito justo durante las dos semanas previas a la maquetación del libro. Puede considerarse como un apoyo final añadido a la Teoría Gaia Orgánica, puesto que solo conocía el concepto de autopoiesis a través de algún libro de divulgación de Lynn Margulis. El barroquismo del lenguaje de los autores, que a mí me detrajo, el choque con la biología neodarwinista y la falta de tradición sistémica en la ciencia biológica son probablemente razones por las que el mérito del concepto y del paradigma que abre no se han reconocido lo suficiente, y ello a pesar de que Margulis contribuyó a su difusión.

Dos biólogos chilenos, Humberto Maturana (1928-) y Francisco Varela (1946-2001) presentaron su visión de los seres vivos a través del neologismo autopoiesis (creación de uno mismo) (Maturana y Varela 1973, Varela et al. 1974) casi simultáneamente a la presentación a la ciencia de la hipótesis Gaia de Lovelock y Margulis.

Con su definición de autopoiesis buscaron la condición necesaria y suficiente, la equivalencia, que define un ser vivo. Un ser vivo sería pues un sistema autopoiético. Su meta fue una definición de ser vivo en términos sistémicos que no requiera la apelación a las propiedades de sus componentes.

Así, la forma tradicional de definir un ser vivo[112] o un organismo vivo se basaría en listar un conjunto o familia de propiedades o fenómenos (metabolismo, reproducción, genética, etc.) que cumplirían los organismos; si falta algo de esa lista diríamos que ese ente no lo es. Pero esto ha dado lugar a muchos problemas e incluso errores epistemológicos, como el que citábamos de Richard Dawkins cuya pretensión es definir ser vivo como aquel que cumple los requisitos de una teoría particular (ver el epígrafe de las Críticas a la Hipótesis Gaia del primer capítulo).

Como veremos a continuación, el concepto de autopoiesis no es sencillo. Es razonable que así sea por el objeto o sujeto que trata, y esto determinó seguramente que las primeras exposiciones de Maturana y Varela fueran enrevesadas y ambiguas (así las califican Razeto-Barry y Ramos-Jiliberto (2013)).

112. No los distingo en este ensayo, como tampoco los distinguen los diccionarios claramente. Por ejemplo, la Wikipedia en castellano identifica ser vivo con organismo y define organismo como una forma viva individual, un ser vivo concreto, entiendo. Sin embargo, en inglés pueden tener matices diferentes que complican las cosas pues al tiempo que tanto Lovelock, como especialmente Margulis remarcan una y otra vez que Gaia no es un organismo, luego se refieren a ella como un "living being" y otros términos que en castellano se traducen como "ser vivo", quizás dejando el término organismo para la concreción científica "realista" y ser vivo para la "metáfora" comunicativa. Varela y otros autores adscritos a la corriente de la autopoiesis parecen a veces referirse a organismo pensando más bien en animales complejos en algunas ocasiones, y en otras admiten que una bacteria es también un organismo. Por otro lado, algunas veces entienden el sistema autopoiético como la propiedad mínima que caracteriza un ser vivo, pero no acaban de encontrar un ser del mundo real autopoiético más pequeño que una bacteria, es decir, que un organismo. Así que un ente autopoiético sería equivalente a un organismo (condición necesaria y suficiente).

Posteriormente, el concepto se extenderá también a la sociología y la neurología, aunque se saldrá del propio ámbito en el que al menos Maturana quería encerrarlo (estrictamente aplicado solo a la biología porque pretende definir precisamente lo biológico). Maturana añadirá un apellido para distinguir la autopoiesis biológica de cualquier otra forma de aplicarla fuera de lo biológico: un ser vivo es un sistema autopoiético *molecular*, donde molecular se referirá a fuerzas, campos y procesos físico-químicos (Maturana y Varela 1994).

Inspirándome sobre todo en las definiciones de Varela, pero tendiendo a usar la terminología que he empleado en este ensayo, en especial la que empleé cuando introduje el trinomio de Prigogine (la pondré en cursiva), un ente (o unidad) autopoiético tiene:

1. Un límite semipermeable que distingue el exterior de su interior y que crea el propio ente a partir de energía y materia (*fluctuaciones*) que provino en último término del exterior (son las fronteras, bordes, membranas, cortezas, pieles, etc. de los organismos).

2. Una red de reacciones (las *funciones*) en su interior siempre más intenso que con el exterior (recordemos como las tasas de ciclado elevadas generan esta propiedad sistémica y decía que es precisamente de esta propiedad de lo que emerge Gaia[113]).

113. Como no he leído todavía la mayoría de la ya bastante extensa literatura sobre autopoiesis no sé si algún autor habrá hecho esta conexión entre la "interioridad" o formación de la individualidad con el concepto de ciclado de la Gaia orgánica que hemos visto. Si es así, se abre un campo de conexión entre ambos proyectos o teorías. En caso contrario ahí va una invitación a hacerlo.

3. Una relación interdependiente con el exterior pero modelada por la propia unidad, a través de su "membrana" (*interacción de las fluctuaciones con las funciones y estructura*).

4. Las propiedades anteriores generan una realimentación positiva que da lugar a una individualidad, un ente o todo que causa y dirige a su vez la red de reacciones (la *estructura*).

Varela dará mucha importancia al asunto del borde (también otros autores como la propia Margulis, 1990). Otros autores minimizarán su importancia, como Razeto-Berry y Ramos-Jiliberto (2013), cuyo mérito consiste en intentar redefinir el concepto tratando no solo de que se convierta en la condición necesaria y suficiente para definir un ser vivo, sino buscando limpiar la ambigüedad de las definiciones primeras de Maturana y Varela en alguna medida. Estos autores escriben: "un sistema autopoiético es una red de procesos que produce todos aquellos componentes cuya producción interna es necesaria para mantener operando la red como una unidad". Distinguen tres tipos de definición de qué es un ser vivo:

- La clásica, que se refiere al conjunto de propiedades o fenómenos (*funciones*). Que para mí sería una suerte de estrategia de abajo-arriba: cuando se cumple la lista de propiedades emerge la cualidad que llamamos organismo; pero también dado que las "propiedades emergentes" no pertenecen fácilmente al paradigma clásico, se convierten en un problema de definición.

- La abierta por el filósofo y matemático Ludwig Wittgenstein (1889-1951), que termina asumiendo parcialmente Maturana en su prefacio de la reedición de 1994 a su texto de 1973, en la que los seres vivos tendrían una serie de propiedades mínimas de un conjunto más amplio de propiedades, es decir, una definición más difusa o diluida en la que se habla de familias de propiedades[114].
- La abierta por Maturana y Varela, y quizás por otros autores sistémicos (desde el mismo Immanuel Kant, pasando por Hans Jonas en la filosofía, a Kaufmann, Margulis, etc. desde otras disciplinas) que en vez de fijarse en la propiedades o funciones de las partes, se fijarían en el todo o sistema como tal (diríase estrategia de arriba-abajo realimentada). A su vez se buscaría una única propiedad sistémica (es la vía de la autopoiesis) o un conjunto de propiedades.[115]

Maturana y Varela identifican autopoiesis con ser vivo (al menos como ser vivo mínimo). Es decir, la autopoiesis es una propiedad en principio dicotómica (se posee o no), por lo que no es posible una cuantificación, un mayor o menor grado de autopoiesis. Esto es problemático siempre que aparecen propiedades emergentes en un sistema, porque mi argumento es que las fronteras nunca están claramente

114. En cierto sentido vamos a acabar aquí también cuando razonemos sobre lo que supone Gaia, pues ésta desdibuja las fronteras internas.

115. Y en cierto sentido terminaremos también aquí cuando nos embarquemos en el concepto de teleología y su relación con la autopoiesis, lo orgánico y Gaia.

definidas en los sistemas complejos: ¿cuándo, por ejemplo, un conjunto de estorninos forman el comportamiento emergente que observamos y denominamos banda de estorninos? Cuando lo emergente es de cualidad superior y las relaciones son más complejas que las que se establecen entre los estorninos, tendremos más y no menos problemas de nitidez, así que creo que uno de los problemas del proyecto de Maturana y Varela es anclar la autopoiesis a un todo o nada (aunque sea lícito a la vez pretenderlo).

Quizás lo más interesante sea el tipo de recursividad que supone la autopoiesis. Así, el nivel de la entidad autopoiética como un todo necesita o existe gracias al nivel de las redes de interacciones internas y con el exterior. El ser vivo es un emergente de esas redes o funciones, pero a su vez esa red dinámica no puede existir y funcionar sin que el ser vivo la contenga y abarque: es decir, existe una causación desde arriba hacia abajo, desde un emergente producido de abajo-arriba.

O de otra forma: de las redes metabólicas, y gracias a su capacidad de ciclado de materia y uso de energía externa, emerge una identidad (un "self") y a la vez la identidad condiciona las componentes y funcionamiento de las redes. Es la recursividad, tan propia de la dinámica de sistemas y de la cibernética, la que complica el concepto a una ciencia clásica habituada a relaciones causa-efecto lineales. Pero aquí se añade, además, una visión holística más allá de la cibernética o de composicionismos "clásicos", pues la realimentación no se da solo entre las partes del sistema (la red de redes) sino que, tomándose en serio lo que significa una entidad emergente, se asume una relación causal del todo hacia las partes, de la estructura a la función en terminología del trinomio de Prigogine[116].

Esto ya lo hemos analizado desde otro enfoque cuando hablamos del trinomio y la relación mutua de causación, de realimentación entre Función y Estructura. Así pues, seguramente a la autopoiesis le falte algo más de profundidad en el tercer término del trinomio, la Fluctuación, y su relación con los otros dos, al tiempo que el concepto profundiza más que Prigogine entre los primeros términos y los aplicaría al campo de lo biológico.

Si he entendido bien la aportación de Maturana y Varela, entonces el paralelismo con el paradigma que abre Prigogine desde la termodinámica de sistemas complejos disipativos es grande y creo que ambas visiones podrían realimentarse fructíferamente. Otro punto de encuentro por explorar entre la nueva termodinámica y la nueva biología.

Pero pongamos atención ahora a Margulis (1990) y su pretensión de encajar la visión de Maturana y Varela con su visión de Gaia. Nos daremos cuenta de que, en cierto sentido, avanza más allá de la teoría de estos y a la vez más allá de la visión cibernética de la teoría Gaia de Lovelock y más allá también de la propia hipótesis Gaia que ella y Lovelock defendieron en sus comienzos.

116. Esto recuerda a la idea de la cibernética de la cibernética o de la cibernética de segundo orden, aunque ésta se ha usado hacia la idea de la inseparabilidad del observador y del observable, probablemente inspirado en la física cuántica. En el capítulo 1 de mi Origen de Gaia (2008) ya realicé una excursión a esto desde la lógica de Gödel y la filosofía de Zubiri. Parece que todo va confluyendo a una nueva cosmovisión.

Margulis (1990) hace un duro ataque al neodarwinismo al tiempo que ofrece una teoría biológica alternativa: la Gaia autopoiética o una teoría autopoiética que incluya a Gaia. Si Maturana y Varela se fijan especialmente en la célula (y desde ahí hacen excursiones a la cognición y sociología), Margulis dirá que la entidad[117] autopoiética más pequeña es la bacteria, y la más grande es Gaia[118].

En la defensa que hace Margulis de Gaia como autopoiesis hará una autocrítica a su hipótesis inicial con Lovelock diciendo que este tipo de Gaia no sería una autopoiesis porque la homeostasis o regulación venía dada a partir del comportamiento sumado de los organismos (la biota), no por la propia entidad autopoiética[119]. Este sería el error inicial de Lovelock -que superará aparentemente con su teoría

117. En vez de sistema ella emplea el término entidad que entiendo que es mejor que sistema o estructura, pues estos parecen más objetos que procesos dinámicos. De ahí que, a la vez que empleamos términos como ecosistemas sería bueno utilizar también términos como ecoprocesos, etc.

118. Me atrevería a exclamar: "¡Touché, Margulis!". Si la entidad autopoiética equivale a ser vivo y ser vivo equivale a organismo y Gaia es una entidad autopoiética, entonces Gaia es un organismo. Así creo que lo temen autores como Villalobos y Razeto-Barry (2019) muy recientemente, pues al enfrentarse a la idea de que Gaia sea una entidad autopoiética especulan (así lo reconocen) que no lo sería en base a que Gaia utiliza la gravedad para no dispersar su red de redes, lo que parece que no estaría bajo su control. Pero temo que no han profundizado lo suficiente en el funcionamiento de Gaia, ni lo que dice Margulis de ella (a la que no citan en este contexto). En comunicación personal con Pablo Razeto le he señalado que el hecho de que Gaia se aproveche y sea restringida por la fuerza de gravedad no es tan diferente a como la tensión superficial del agua o las fuerzas electromagnéticas son aprovechadas y restringen a los organismos comunes; por tanto, en mi opinión no es una especulación válida para pensar que Gaia no es un organismo.

119. Llevo argumentando esta idea desde hace más de diez años.

cibernética de primer orden- y de mucha de la discusión que siguió sobre la hipótesis: las partes (los organismos al uso) sumadas (la biota) no son el sistema/proceso autopoiético que regula, y sería Gaia, con su recursividad interna, la que causa la regulación u homeostasis planetaria; pero este proyecto no lo ha trabajado nadie más, que yo sepa; solo lo plantea Margulis.

Así por ejemplo, los parámetros de regulación, más que fijados desde fuera, como lo son las restricciones a la adaptación en los modelos Daisyworld de Lenton y Lovelock que veíamos en el anexo I (y todos los posteriores de Lenton y otros autores), serían en cambio regulados internamente (modelos de optimización). Margulis pasa pues así a una visión postcibernética de Gaia sin ser quizás del todo consciente de ello.

Pero ella trata de avanzar más pasos. Trata por ejemplo de casar la teoría de Maturana y Varela con la selección natural de Darwin (observemos que Maturana y Varela van en principio con otro paradigma muy distinto, pues en su definición ni se menciona ni se entrevé inmediatamente el concepto de Darwin).

Margulis dirá que "una entidad autopoiética capaz de reproducción, está automáticamente sujeta a la selección natural por la simple razón de que todos los productos de la reproducción no pueden sobrevivir siempre". Pero tampoco sobreviven todos los productos internos a la autopoiesis de un organismo y no aplicamos a ellos el concepto de selección natural internamente. ¿Por qué esa diferencia si siguen la misma lógica desde Gaia o desde un organismo de organismos, sea este una eucariota de procariotas, un pluricelular de eucariotas o un termitero de termitas? Esta idea, que proviene de la "traducción" de Malthus a la biología por Darwin, no es cierta salvo que hablemos de selección natural para las células de mi cuerpo que no sobreviven. En la autopoiesis de Maturana y Varela no se habla de que las redes compitan y se seleccionen, en una célula no se seleccionan orgánulos al modo Darwin, etc.

Si Margulis quiere denominar selección natural a esa desaparición de productos o partes de un sistema autopoiético (ciclado diríamos en nuestro contexto, ella misma luego habla del salmón como parte de la red de ciclado del fósforo en Gaia), de acuerdo. Pero ello nada tiene que ver con el darwinismo ni con la visión de Darwin ni su "metáfora". Si Gaia es la mayor entidad autopoiética, la reproducción, ciclado y desaparición de sus partes internas no puede verse al estilo de Darwin; estaríamos ante una nueva teoría que no surge de, ni complementa, la selección natural[120]. Por ejemplo, Margulis dice que cualquier entidad autopoiética capaz de reproducción (células, organismos o grupos cohesivos de organismos) están sujetos a la selección natural. Pero esto no lo afirma la selección natural darwiniana, pues solo los organismos están sujetos en todo caso a ella (recordemos: las entidades se deben reproducir y luego compararse diferencialmente), lo que no tiene lugar en mis células pues estas se reproducen en función no de una selección natural abstracta, sino en función de la entidad (autopoiética) que las acoge y coordina: yo.

120. La anécdota que cuento en el prólogo al libro de Puche (2019) es precisamente el "rapapolvo" que me echó Margulis cuando le pretendí decir esto de forma atropellada.

Mis células no están sujetas a la selección natural salvo que ampliemos al absurdo la teoría de Darwin (ya dijimos que estaban desdarwinizadas, maquinizadas[121], etc.). El organismo las obliga a perder parte de su entidad autopoiética (están *desautopoietizadas*, diríamos en formato trabalenguas), más aún, existe una transferencia de "poiesis" desde las unidades auto-poiéticas a la formación, mediante simbiogénesis, de la entidad emergente autopoiética "superior". Cuando se forma la célula eucariota sus mitocondrias o cloroplastos, que un día fueron organismos (entidades autopoiéticas), transfieren su entidad, su estructura, a una entidad superior también autopoiética solo que más compleja. A partir de ese momento, sobre todo cuando ya no es reversible, dejan de ser entidades autopoiéticas plenas, y la entidad autopoiética resulta ser la célula eucariota. Esta visión aclararía muchos de los problemas en los que se han embarcado las discusiones de "segundos órdenes" de autopoiesis dentro del mundo biológico (creo que parte de las discusiones y desacuerdos entre Maturana y Varela tuvieron este origen). Si no nos anclamos en ver la autopoiesis como una dicotomía, entonces veríamos de forma más comprensiva los grandes saltos evolutivos hacia la complejidad.

Regresemos al texto de Margulis. La ampliación del concepto de selección natural que nos pide Margulis lleva a su idea de que Gaia es el selector natural, como ha dicho repetidamente también en otros contextos. Pero entonces Gaia se convertiría así en la entidad autopoiética biológica

121. Recuérdese el título original del trabajo seminal de Maturana y Varela: "De máquinas y seres vivos".

de mayor nivel (u orden); estrictamente, en la única entidad autopoiética, el único ser vivo completo. Margulis está aquí a un solo paso de una Gaia como ser vivo u organismo, y no lo avanza porque sigue anclada en la visión clásica del concepto de selección natural. Rompe crudamente con el neodarwinismo, en parte por los ataques de éste tanto a su teoría de la endosimbiosis como a su visión de Gaia, pero no se atreve contra el mito de Darwin.

Aunque Margulis prejuzga precipitadamente que Gaia es incapaz de reproducirse, da una "vuelta de tuerca" autopoiética a la biología clásica cuando dice que la muerte celular en un organismo, la reabsorción de tejidos o el canibalismo son formas comunes del imperativo (yo diría de la intencionalidad) autopoiético del reemplazamiento (yo diría del ciclado) de los componentes moleculares[122]. Ella toma la perspectiva autopoiética adecuada cuando señala que el comportamiento, las interacciones, la composición de las excreciones y el resto de actividades de los animales están determinadas directamente por los imperativos del sistema autopoiético, que es en este caso el animal en cuestión. Pero sigue avanzando sin ser aparentemente consciente de hacia dónde está llegando: reconoce que mientras las propiedades de un sistema (células, poblaciones...) están siempre perdiendo propiedades autopoiéticas, el sistema entero persiste. Reconoce que la muerte debe ocurrir con la vida, y el fallo para retener las propiedades autopoiéticas supone la muerte. Pero la apoptosis y otros "sacrificios" no nos hablan de "fallos"

122. También menciona en otro lugar del texto el "suicidio" del salmón. Pero esta explicación, repito, ya no necesita del concepto de selección natural, que es más restringido.

sino también de "programación" desde arriba. Al igual que hablo de transferencia de telos, hablaríamos en este contexto de transferencia autopoiética; el imperativo de Margulis sería más bien un mutualismo autopoiético al mezclarse las redes de redes o las redes autopoiéticas.

Y esto a su vez nos da pie a retomar nuestros trinomios de Prigogine anidados. Margulis está en el fondo asumiendo que es la estructura del trinomio de Prigogine, o el sistema autopoiético una vez formado, el que determina las actividades, es decir, las funciones en términos del trinomio. Pero si el animal está embebido o inserto en otra estructura autopoiética, como el holobionte que es, o la *ecopoiesis* a la que pertenece o finalmente a la Gaia de la que es función, entonces es Gaia la que determina las actividades dentro de ella, incluidas las de los animales y resto de organismos. Estamos ante la estructura fractal de entidades autopoiéticas del estilo de las muñecas rusas que describíamos en ocasión del trinomio de Prigogine (figura 2.3).

Termino este anexo con otra conexión sorprendente entre la autopoiesis y la visión de la Gaia orgánica teleológica que defiendo. De los primeros textos que he leído de Varela estaba interpretando que de la autopoiesis no se sigue la afirmación de que los seres vivos tenemos una teleología propia y de hecho iba a hacerle una crítica por ello. Explorando el tema me he encontrado con un artículo de Andreas Weber y Francisco Varela, posiblemente el último que Varela firmó (está publicado en 2002, al año siguiente de su muerte) (Weber y Varela 2002) en el que toda su argumentación, partiendo del concepto kantiano y siguiendo las aportaciones de Hans Jonas, termina exactamente en el mismo argumento que llevo defendiendo desde hace unos 15 años para afirmar que de las propiedades de un organismo emerge el carácter teleológico intrínseco o propio de él.

Sólo puedo decir que Weber y Varela tienen preferencia aquí, histórica y al nivel de detalle, aunque mi línea argumental fuera casi exactamente la misma de forma independiente. Uso sus palabras: "la circularidad de la auto-organización es la que genera relaciones de significado y propósito. De hecho, esta cualidad intrínseca al organismo es el camino, justo el camino, en que nosotros (los humanos) normalmente, prima facie e intuitivamente, vemos lo vivo".

De aquí es de donde podemos extraer la conclusión última: un organismo (Gaia especialmente) es un ente con propósitos intrínsecos, y un ente con propósitos intrínsecos es un organismo. Por tanto, es una equivalencia, una condición necesaria y suficiente, y podríamos definir con una sola propiedad el *organismo* como aquel ente con propósitos propios que emergen de sí mismo (esos propósitos solemos identificarlos con la lista de funciones: metabolismo, reproducción, etc.). Y un corolario: los organismos supeditan o transfieren a Gaia sus propósitos propios. Si no lo hicieran, serían como una célula cancerosa del cuerpo al que pertenecen.

Figuras y Recuadros

FIGURA 2.1. Trinomio de Prigogine.............................. 83

FIGURA 2.2. Trinomio de Prigogine “incompleto”de la biología evolutiva... 86

FIGURA 2.3. Sucesión de trinomios de Prigogine unos dentro de otros hasta llegar a Gaia........................ 91

FIGURA 3.1 Borrachos y complejidad: primera foto....... 109

FIGURA 3.2. Borrachos y complejidad: segunda foto 109

FIGURA 3.3. Aparición de tipos celulares en las familias animales... 113

FIGURA 3.4. Tipos celulares de los organismos............. 113

FIGURA 3.5. Aceleración de la complejidad de los organismos 121

FIGURA 4.1. Flujos de materia y energía en los organismos. 127

FIGURA 4.2. Visión "huxleyana" del darwinismo.......... 130

FIGURA 4.3. Visión "kropotkiana" del darwinismo........ 132

FIGURA 4.4. Visión de la Teoría Gaia Orgánica............. 133

Figura A.1. Variación de la temperatura en Daisyworld 202

Figura A.2. Modelo original de Lovelock al que se le ha añadido una margarita tramposa gris...... 208

Figura A.3. Diagrama de influencia del Daisyworld original desde la dinámica de sistemas. 210

Figura A.4. Diagrama de influencia de un Daisyworld con margaritas adaptativas. 212

Figura A.5. "Ayuda mutua" en Daisyworld. 213

Figura A.6. Evolución de la temperatura 215

Figura A.7. Evolución de las poblaciones de margaritas 215

Recuadro 1. Convocando a la diosa Fortuna 40

Recuadro 2. Organismos como ecosistemas, ecosistemas como organismos 97

Recuadro 3. De Darwin a la Gaia Orgánica 142

Recuadro 4. Gaia Orgánica (qué esperamos y observamos) 154

Recuadro 5. La ambivalencia griega 179

Apuntes de filosofía de la ciencia 186

Bibliografía

Abram 1996: David Abram. The Mechanical and the Organic: Epistemological Consequences of the Gaia Hypothesis. Cap 16, pag. 234. En P. Bunyard (Ed.): Gaia in Action. Science of the living Earth. Floris Books

Abram 2014 (2012 en versión inglesa): David Abram. Una Inteligencia voraz. Pp. 163-175. En: Lynn Margulis. Vida y legado de una científica rebelde. D. Sagan (ed.) Tusquets

Aguilar 2000: Aguilar, M. Biomecánica. CSIC. Madrid.

Bar-On 2018: Bar-On, Y.M. et al. The biomass distribution on Earth. PNAS. www.pnas.org/cgi/doi/10.1073/pnas.1711842115

Ben Jabob 2004. Ben Jacob, E. et al. Bacterial linguistic communication and social intelligence. TRENDS in Microbiology Vol.12 No.8. 366-372

Bidle 2004: Kay D. Bidle and Paul G. Falkowski. Cell death in planktonic, photosynthetic microorganisms. Nature reviews. Microbiology. Vol. 2. August 2004. 643-655

Bouchard 2013: Frédéric Bouchard. What Is a Symbiotic Superindividual and How Do You Measure its Fitness? Chapter 11, en Philippe Huneman & Frédéric Bouchard (eds.), From Groups to Individuals. Evolution and Emerging Individuality. MIT Press. pp. 243 (2013)

Brenner 2006. Brenner E.D. et al. Plant neurobiology: an integrated view of plant signalling. TRENDS in Plant Science Vol.11 No.8. 413-419

Bunyard 1996: Bunyard P. Introducción a "Gaia in Action. Science of the living Earth". Floris Books

Calvo Garzón 2011. Calvo Garzón P. and F. Keijzer. Plants: Adaptive behavior, root-brains, and minimal cognition. Adaptive Behavior 2011 19: 155-171

Castro 2008: C. de Castro. El Origen de Gaia. Abecedario 2008, reedición en 2020 en Ecologistas en Acción.

Castro 2013: C. de Castro. En defensa de una teoría Gaia orgánica. Ecosistemas 22(2):113-118. Doi.: 10.7818/ECOS.2013.22-2.17

Castro et al. 2013. C. de Castro et al. Global solar electric potential: A review of their technical and sustainable limits. Renewable and Sustainable Energy Reviews 28, 824–835. doi:10.1016/j.rser.2013.08.040

Castro y Capellán 2019: C. de Castro & Í. Capellán. Ciencia y Tecnología para la Sostenibilidad. En Repensando la Sostenibilidad. J.M. Enríquez et al. (Ed.)

Catling 2001: D.C. Catling et al. Biogenic Methane, Hydrogen Escape, and the Irreversible Oxidation of Early Earth. Science 293, 839-843

Catling y Kasting 2017: D.C. Catling and J.F. Kasting. Atmospheric Evolution on Inhabited and Lifeless Worlds. Cambridge University Press.

Clarke 2010: E. Clarke. The problem of biological individuality. Biological Theory 5 (4): 312–25 (p. 313).

Clements 1936. F.E. Clements. Nature and structure of the climax. Journal of Ecology. 24. 252-284

Corning 2015: P. A. Corning & E. Szathmáry. "Synergistic selection": A Darwinian frame for the evolution of complexity. J. Theor. Biol. (2015), http://dx.doi.org/10.1016/j.jtbi.2015.02.002i

Dawkins 1982: Dawkins, R. 1982. The Extended Phenotype. Freeman. Oxford. UK. (pp: 234-237)

Doolittle 1981: Doolittle, W.F. Is Nature really motherly? CoEvolution Quaterly 29:58-63

Douhovnikoff 2015: Douhovnikoff, V. and Dodd, R.S. Epigenetics: a potential mechanism for clonal plant success. Plant Ecol. 216, 227–233, doi:10.1007/s11258-014-0430-z

Ellers 2012: Ellers, J. et al. Ecological interactions drive evolutionary loss of traits. Ecology Letters, Vol. 15, p. 1071-1082

Engel 2016. Engel M.S. et al. Morphologically Specialized Termite Castes and Advanced Sociality in the Early Cretaceous. Current Biology 26, 522–530, DOI: 10.1016/j.cub.2015.12.061

Fiala 1986: Fiala, G.; Stetter, K. O. Pyrococcus furiosus sp. nov. represents a novel genus of marine heterotrophic archaebacteria growing optimally at 100°C. Archives of Microbiology 145: 56-61.

Gagliano 2017: M. Gagliano. The mind of plants: Thinking the unthinkable. Communicative & Integrative Biology, 10:2, e1288333, DOI: 10.1080/19420889.2017.1288333

García Cruz 2007: C.M. García Cruz. De la «Teoría de la Tierra» de James Hutton a la «Hipótesis Gaia» de James Lovelock. Asclepio. Revista de Historia de la Medicina y de la Ciencia. vol. LIX, nº 1, enero-junio, págs. 65-100

Gil 2004. Gil R. et al. Determination of the Core of a Minimal Bacterial Gene Set: R. Gil et al. Microbiology and molecular biology reviews, DOI: 10.1128/MMBR.68.3.518-537.2004

Gómez et al. 2004: Gómez, F. et al. The Tinto river, an extreme gaian environment. (pag. 321-333), en Scientists debate Gaia. Schneider et al. (ed.). MIT press

Gorelick 2010: R. Gorelick and H. H. Q. Heng. Sex reduces genetic variation: A multidisciplinary review. Evolution 65-4: 1088–1098

Gould 1988: S.J. Gould. Kropotkin was no crackpot. Natural History vol. 97, no. 7: 12-21

Guerrero 2006: Guerrero R. y M. Berlanga. Life's unity and flexibility: the ecological link. International Microbiology 9: 225-235

Guerrero 2009: Guerrero R. y M. Berlanga. The evolution of microbial life: paradigm change in microbiology. Contributions to Science 5(1): 55-61

Guerrero 2013: Guerrero R. et al. Symbiogenesis: The holobiont as a unit of evolution. International Microbiology 16:133-143

Hallmann 2015. Hallmann, C; French, K. Eukaryotes: A new timetable of evolution. Max Plank Gesellshaft, https://www.mpg.de/9256248/eukaryotes-evolution

Hamilton 1998: W.D. Hamilton and T.M. Lenton. Spora and Gaia: how microbes fly with their clouds. Ethology Ecology & Evolution 10: 1-16

Harding 2006. S. Harding. Animate Earth: Science, intuition and Gaia. Chelsea Green.

Hashimoto 2018: Hashimoto, T. et al. The onset of star formation 250 million years after the Big Bang. Nature Volume 557, pages 392–395

Hinkle G.J. 1996: Marine salinity: Gaian phenomenon? Pag 99-104. In Gaia in Action. Bunyard P. (ed.). Floris Books.

Holdrege 2000: C. Holdrege. Where do organisms end? In Context #3 (Spring, 2000, pp. 14-16); The Nature Institute http://natureinstitute.org/pub/ic/ic3/org_and_env.htm

Holland: Holland, H.D., 1978. The Chemistry of the Atmosphere and Oceans. Wiley, New York. Pag 296

Hutton 1788: Hutton, J. Theory of the Earth, or an Investigation of the Laws observable in the Composition, Dissolution, and Restoration of land upon the Globe. Transactions of the Royal Society of Edinburgh, 1, 209-304. [Traducción al español en: Enseñanza de las Ciencias de la Tierra, 12(2), 160-205 (2004)].

Ionescu D. et al. 2012: Microbial and chemical characterization of underwater fresh water springs in the Dead sea. PloS One 7(6):e38319

Jablonka 2006: Jablonka E. & M. Lamb. 2006. Evolution in four dimensions genetic, epigenetic, behavioural and symbolic variation in the history of life. Cambridge: The MIT Press

Kirchner 1989. Kirchner J.W. The Gaia hypothesis: Can it be tested?. Reviews of Geophysics 27 (2): 223-235

Kleidon 2004: A. Kleidon and R. Lorenz. Entropy Production by Earth System Processes. Chapter 1. En: Kleidon, A. and Lorenz, R. D. (eds.) Non-equilibrium thermodynamics and the production of entropy: life, Earth, and beyond. Springer Verlag.

Kropotkin 1902: P. Kropotkin. El Apoyo Mutuo.

Laland 2015: Laland KN et al. The extended evolutionary synthesis: its structure, assumptions and predictions. Proc. R. Soc. B. 282: 20151019. http://dx.doi.org/10.1098/rspb.2015.1019

Lammer 2008: Lammer, H. et al. Atmospheric Escape and Evolution of Terrestrial Planets and Satellites. Space Sci Rev (2008) 139: 399–436. DOI 10.1007/s11214-008-9413-5

Lane 2010: Lane, N & Martin, W. The energetics of genome complexity. Nature 467: 929-934

Lenton, TM; Lovelock, JE (2000). "Daisyworld is Darwinian: Constraints on adaptation are important for planetary self-regulation". Journal of Theoretical Biology. 206 (1): 109–14

Lenton y Latour 2018: Lenton, T.M. & B. Latour. Gaia 2.0. Science 361 (6407): 1066-1068

Liu 2016: Liu F. et al. Ecological Consequences of Clonal Integration in Plants. Front. Plant Sci. 7:770. doi: 10.3389/fpls.2016.00770

Lovelock 1965: Lovelock J. A physical basis for life detection experiments. Nature Vol. 207, No. 4997, pp. 568-570, August 7

Lovelock 1972: Lovelock, J. Gaia as seen through the atmosphere. Atmospheric Environment. 6. 579-580

Lovelock 1973: Lovelock J. et al. Halogenated Hydrocarbons in and over the Atlantic. Nature 241, 194–196

Lovelock 1974: Lovelock J. and L. Margulis. Atmospheric homeostasis by and for the biosphere: the Gaia hypothesis. Tellus, 26:1-2, 2-10, DOI: 10.3402/tellusa.v26i1-2.9731

Lovelock 1975: J. Lovelock and S. Epton. The quest of Gaia. New Scientist, 6 February, 304-306

Lovelock 1979: Lovelock, J.E. 1979. Gaia: a New Look at Life on Earth. Oxford University Press. UK

Lovelock 1996: Lovelock J. The Gaia Hypothesis. 15-33. En P. Bunyard (Ed.): Gaia in Action. Science of the living Earth. Floris Books

Lovelock 2000: Lovelock, J. Gaia. The practical science of planetary medicine. Oxford University Press. UK.

Lovelock 2004: Lovelock J. Reflections of Gaia. In Scientists debate Gaia. Pag. 1-6. Schneider et al. (ed). MIT press

Lowman 2002: en Margulis 2004

Maidal 2013: Maidal et al. Genome sequence of the fast-growing bacterium Vibrio natriegens strain DSMZ 759. Genome Announc. 1:e00648-13

Marchi 2016: Marchi, S. et al. Massive impact-induced release of carbon and sulfur gases in the early Earth's atmosphere. Earth and Planetary Science Letters 449 (2016) 96–104

Margalef 1963: Margalef, R., 1963. On certain unifying principles in ecology. Am. Nat. 97, 357–374.

Margalef, R., 1968. Perspectives in Ecological Theory. University of Chigago press, Chigago.

Margulis 1974: Margulis, L. & J. Lovelock. Biological modulation of the Earth Atmosphere. Icarus. Volume 21, Issue 4, 471-489

Margulis 1990: Margulis L. Kingdom Animalia: The Zoological Malaise from a Microbial Perspective. AMER. ZOOL., 30:861-875

Margulis 1996: Margulis, L. James Lovelock's Gaia. 54-64. In Gaia in Action. Bunyard P. (ed.) Floris Books

Margulis 1998: Margulis, L. The symbiotic planet: a new look at evolution. Phoenix

Margulis 2003. Margulis, L. & D. Sagan. Captando genomas: una teoría sobre el origen de las especies. Kairós

Margulis 2004: Gaia by any other name. In Scientists debate Gaia. Pag 7-14. Schneider et al. (ed.). MIT press

Maturana 1973. Maturana H. y F. Varela. De máquinas y seres vivos: una teoría sobre la organización biológica. Santiago de Chile. Editorial Universitaria.

Maturana 1994. Maturana H. y F. Varela. De máquinas y seres vivos: una teoría sobre la organización biológica. Santiago de Chile. Editorial Universitaria. (reedición)

Maynard-Smith 1988: Maynard-Smith, J. Evolutionary progress and levels of selection. En: Nitecki, M. (ed.). Evolutionary Progress, pp. 219-230. University of Chicago Press. Chicago, IL. USA.

Maynard-Smith 1995: Maynard-Smith, J. & Szathmary, E. The Major Transitions in Evolution. Freeman, Oxford.

McShea 2016: McShea D.W. Three Trends in the History of Life: An Evolutionary Syndrome. Evol Biol (2016) 43:531–542

Michod 2006: Michod R.E. & Herron M.D. Cooperation and conflict during evolutionary transitions in individuality. European Society for Evolutionary Biology. 19 (2006) 1406–1409

Mirandola 1486. Pico della Mirandola. Discurso sobre la dignidad del hombre.

Monbiot 2017. G. Monbiot. Salvaje: Renaturalizar la tierra, el mar y la vida humana. Capitán Swing. 103-114.

Newby 2013: Newby, G.A. and S. Lindquist. Blessings in Disguise: Biological Benefits of Prion-Like Mechanisms. Trends in Cell Biology 23, no. 6 (June 2013): 251-259.

Nicholson 2018: Daniel J. Nicholson and John Dupré. Everything Flows. Towards a Processual Philosophy of Biology. Oxford University Press

Nissenbaum A. 1975. The microbiology and biogeochemistry of the Dead sea. Microb. Ecol. 2(2)139-161

Odum 1989. Odum E. Ecología: bases científicas para un Nuevo paradigma. Vedra. 62-68

Okasha 2005. Okasha S. Multilevel Selection and the Major Transitions in Evolution. Philosophy of Science, 72 (December 2005) pp. 1013–1025

Onsager 1931: Onsager, L. Reciprocal relations in irreversible processes. II. Phys. Rev. 1931, 38, 2265–2279.

Oren A. 1983: Population dynamics of halobacteria in the Dead sea water column. Limnol. Oceanogr. 28(6), 1094-1103

Pennisi 2018. Pennisi E. The momentous transition to multicellular life may not have been so hard after all. Science doi:10.1126/science.aau5806. https://www.sciencemag.org/news/2018/06/momentous-transition-multicellular-life-may-not-have-been-so-hard-after-all

Pigem 1993. Pigem J. La odisea de occidente: Modernidad y ecosofía. Kairós.

Pigem 2016. Pigem J. Inteligencia vital: Una visión postmaterialista de la vida y la conciencia. Kairós.

Pray 2008. Pray, L.A. Eukaryotic Genome Complexity. Nature Education 1(1):96

Prigogine 1983. I. Prigogine. ¿Tan solo una ilusión? Una exploración del caos al orden. 2ª edición. Tusquets.

Primavesi 2000: A. Primavesi. Sacred Gaia. Routledge.

Puche 2019. P. Puche. La simbiosis: una tendencia universal en el mundo de la vida. La cosmovisión de Lynn Margulis. 2ª Edición. Ediciones del Genal.

Razeto-Barry 2013. Razeto-Barry P y R. Ramos-Jiliberto. ¿Qué es la autopoiesis? Pp 27-57 en Autopoiesis. Un concepto vivo. Editorial Nueva Civilización. Santiago de Chile.

Rakoff-Nahoum 2014: Rakoff-Nahoum, S. et al. An Ecological Network of Polysaccharide Utilization among Human Intestinal Symbionts. Current Biology 24. 40-49. (January 6)

Redfield, A.C. 1934: On the proportions of organic derivatives in sea water and their relation to the composition of plankton. James Johnstone Memorial Volume, University Press of Liverpool, 176-192.

Redfield, A.C. 1958: The biological control of chemical factors in the environment. Am. Sci. 46, 205–221

Reid 2007: Reid, R.G.B. Biological Emergences. Evolution by Natural Experiment. Ed. MIT, The Vienna series in theoretical biology

Ren 2015: Ren D. et al. High prevalence of biofilm synergy among bacterial soil isolates in cocultures indicates bacterial interspecific cooperation. The ISME Journal (2015) 9, 81–89

Riechmann 2000. Un mundo vulnerable. Ensayos sobre ecología, ética y tecnociencia. Los Libros de la Catarata, Madrid 2000.

Riechmann 2016. Riechmann J. Ética extramuros. UAM Ediciones.

Ripple 2012. Ripple W.J. and Beschta R.L. Trophic cascades in Yellowstone: the first 15 years after wolf reintroduction. Biological conservation. 145(1). 205-213

Robb 2001: Robb, F. T. et al. Genomic sequence of hyperthermophile, Pyrococcus furiosus: implications for physiology and enzymology. Methods in Enzymology 330: 134-57.

Robertson y Robinson 1998. Robertson D. and J. Robinson (1998). Darwinian Daisyworld. J. Theor. Biol. 195, 129-134

Sagan 2004. Sagan D. & Whiteside. Gradient Reduction Theory pp: 173-186, in S.H. Schneider et al (Ed) in Scientists debate Gaia: the next Century. The MIT Press. Cambridge.

Sagan 1972: Sagan, C. and Mullen, G., 1972. Earth and Mars: evolution of atmospheres and surface temperatures. Science 177, 52–56.

Saigusa 2008. Saigusa T. et al. Amoebae Anticipate Periodic Events. Physical Review Letters, 100(1): 018101

Sandin 2006. Sandín M. Pensando la evolución. Pensando la vida. Ed. Crimentales.

Schneider y Sagan 2009. Schneider E.D. y D. Sagan. La termodinámica de la vida: Física, cosmología, ecología y evolución. Metatemas, 2ª edición. Tusquets.

Schoonmaker 2016. Schoonmaker et al. 2016. Viewing forests from below: fine root mass declines relative to leaf area in aging lodgepole pine stands. Oecologia (2016) 181:733–747. DOI: 10.1007/s00442-016-3621-6

Scott-Phillips 2014. Scott-Phillips, T.C. et al. The niche construction perspective: a critical appraisal. Evolution 68-5: 1231–1243

Sender 2016: Sender, R. et al. Revised Estimates for the Number of Human and Bacteria Cells in the Body. PLoS Biol 14(8): e1002533. doi:10.1371/journal.pbio.1002533

Sahtouris 1996. Sahtouris, E. The Gaia controversy: a case for the Earth as an evolving organism. 324-338. En P. Bunyard (Ed.): Gaia in Action. Science of the living Earth. Floris Books

Sillén 1966. Sillén L.G. Regulation of O2, N2 and CO2 in the atmosphere; thoughts of a laboratory chemist. Tellus XVIII, 2. 198-206

Skene 2017. Skene K.R. Thermodynamics, ecology and evolutionary biology: A bridge over troubled water or common ground? Acta Oecologica 85 (2017) 116–125

Steele 2018. Steele, E.J. et al. Cause of Cambrian Explosion - Terrestrial or Cosmic? Progress in Biophysics and Molecular Biology 136 (2018) 3-23

Steward 2012: Steward E.J. Growing Unculturable Bacteria. Journal of Bacteriology 194 (16). 4151–4160

Szathmáry 2015: Szathmáry, E. Toward major evolutionary transitions theory 2.0. www.pnas.org/cgi/doi/10.1073/pnas.1421398112 PNAS Early Edition

Shapiro 2013. J.A. Shapiro. Evolution: a view from the 21st century. FT Press Science

Taft 2007: Taft R.J. et al. The relationship between non-protein-coding DNA and eukaryotic complexity. BioEssays 29:288–299, 2007

Talbott 2017. Talbott S.L. Evolution and the Purposes of Life. The New Atlantis. (Winter) 63-91

Turner 2002. J.S. Turner. The extended organism: The physiology of animal-built structures. Harvard University Press.

Valentine 1994: Valentine J.W. et al. Morphological complexity increase in metazoans. Paleobiology, 20(2), 131-142

Vandenkoornhuyse 2015: Vandenkoornhuyse P. et al. The importance of the microbiome of the plant holobiont. New Phytologist (2015) 206: 1196–1206. doi: 10.1111/nph.13312

Varela 1974: Varela F. et al. Autopoiesis: the organization of living systems, its characterization and a model. Biosystems 5(4): 187-196

Vernadsky 1926. Vernadsky V.I. The biosphere. Copernicus 1998

Villalobos 2019: Villalobos M. y P. Razeto-Barry. Are living beings extended autopoietic systems? An embodied reply. Adaptive Behavior. 1-11. doi.org/10.1177/1059712318823723

Villarreal 1997: Villarreal, L. P. On viruses, sex and motherhood. J. Virol. 71, 859–865

Volk, Tyler (2003). Gaia's Body: Toward a Physiology of Earth. Cambridge, Massachusetts: MIT Press.

Volk, Tyler 2004. Gaia is life in a wasteworld of by-products. 27-36. In Scientists debate Gaia. Schneider et al. (ed.). MIT press

Watson 2004. Watson A.J. Gaia and observer self-selection. 201-210. In Scientists debate Gaia. Schneider et al. (ed.). MIT press

Watson y Lovelock 1983: Watson A.J. and J. Lovelock. Biological homeostasis of the global environment: the parable of Daisyworld. Tellus B: Chemical and Physical Meteorology, 35:4, 284-289, DOI: 10.3402/tellusb.v35i4.14616

Weber 2002: Weber A. y F.J. Varela. Life after Kant: natural purposes and the autopoietic foundations of biological individuality. Phenomenology and the Cognitive Sciences 1:97-125

Wordsworht 2013. R.D. Wordsworht and R. T. Pierrehumbert. Water loss from terrestrial planets with CO2-rich atmospheres. Astrophys J 778, doi:10.1088/0004-637X/778/2/154

Ye 2016: Ye,X.H. et al. Plant clonal integration mediates the horizontal redistribution of soil resources, benefiting neighboring plants. Front. PlantSci. 7:77. doi:10.3389/fpls.2016.00077

Zahnle 2013. Zahnle K.J. et al. The rise of oxygen and the hydrogen hourglass. Chemical Geology 362 (2013) 26–34

Este libro se imprimió en Málaga,
planeta Agua del Sistema Solar de la Vía Láctea.
Siempre en Tiempos de Gaia.
Publicado por Ediciones del Genal.
Al cuidado de esta edición
Librerías Proteo y Prometeo
MMXIX